频管关键技术研究系列

340GHz SHOUFA GELI
WANGLUO GUANJIAN JISHU YANJIU

340GHz 收发隔离网络关键技术研究

邓俊　王振华◎编著

U0181922

新华出版社

图书在版编目（CIP）数据

340GHz收发隔离网络关键技术研究 / 邓俊, 王振华
编著. —北京：新华出版社，2021.5
　ISBN 978-7-5166-5822-2

　Ⅰ.①3… Ⅱ.①邓… ②王… Ⅲ.①网络保护—研究
Ⅳ.①TP393.08

中国版本图书馆CIP数据核字（2021）第082295号

340GHz收发隔离网络关键技术研究

作　　者：邓　俊　王振华　编著

责任编辑：蒋小云　　　　　　　　封面设计：中尚图

出版发行：新华出版社
地　　址：北京石景山区京原路8号　　邮　　编：100040
网　　址：http://www.xinhuapub.com
经　　销：新华书店
　　　　　新华出版社天猫旗舰店、京东旗舰店及各大网店
购书热线：010-63077122　　　　中国新闻书店购书热线：010-63072012

照　　排：中尚图
印　　刷：天津中印联印务有限公司
成品尺寸：210mm×145mm，1/32
印　　张：6　　　　　　　　　　字　　数：106千字
版　　次：2021年6月第一版　　　印　　次：2021年6月第一次印刷
书　　号：ISBN 978-7-5166-5822-2
定　　价：59.00元

编 委 会

前　言　●

　　THz 波频段处于微波与远红外间，已成为未来雷达和无线通信的重要发展方向，国内外研究机构正努力实现太赫兹频段的各类应用，因此对太赫兹系统所需关键器件进行研究显得极为迫切，解决太赫兹频段收发隔离问题成为重要研究课题。在微波频段实现收发隔离常用方案为一个环行器将两个信道滤波器连接组成，随着太赫兹器件日益向高频率、宽频带、高集成度等方向发展，受到物理和技术等方面的限制，使用环行器连接滤波器的方法目前已遇到较大困难。

　　故本书主要致力于太赫兹收发隔离网络特性研究，分析收发隔离网络基本原理，讨论整体设计方案，提出主要设计指标；研究金属线栅极化隔离器工作特性，设计调整结构参数，分析工作性能；研究反射型、透射型两种结构极化变换器的基本工作原理和电磁波传播状态，通过仿真优化和参数设计，分析工作性能；最后完成单元器件的制作，集成研制收发隔离网络原理样机，设计测试方案，搭建测试系统，完成电性能调试及测试等研究。

　　本书分七章，第一章为绪论，主要介绍太赫兹频段雷达和通信系统具有的强大技术优势，成为未来空间无线技术的重要发展方向，明确了收发隔离网络的定位作用及研究意义，分析国内外研究现状；第二章主要介绍 340GHz 反射型收发隔离网络，首先分析收发隔离网络的基本原理，简要阐述收发隔离度、插入损耗、带内驻波等多个主要技术指标，然后提出 340GHz 反射型收发隔离网络的整体结构设计，确定设计指标；第三章主要介绍金属线栅极化隔离器电波传播理论，通过仿真验证，确定 340GHz 金属线栅极化隔离器的结构设计和基底材料选择；第四章主要介绍反射型极化变换器的特性研究与设计，首先研究圆极化波基本原理和反射型极化变换器基本工作原理，然后介绍反射型极化变换器设计，包括介质基底厚度计算、结构参数设计和性能研究三个部分；第五章主要介绍透射型极化变换器的特性研究与设计，首先提出透射型收发隔离网络的设计思路，介绍现有透射型极化变换器技术应用研究，然后介绍 340GHz 超材料透射型极化变换器，主要研究各向异性超材料电磁波传播特性，基于电谐振金属结构单元进行设计，并完成仿真计算及误差分析；第六章完成 340GHz 收发隔离网络原理样机制作及测试验证，主要介绍了原理样机加工工艺、集成组装方案和样机测试及结果分析；第七章为结论。

　　本书在编写过程中，得到了北京理工大学王学田教授的关心和指导以及陆军工程大学通信士官学校电磁频谱管理专业的领导与同志们的支持和帮助，在此一并表示衷心感谢。

　　由于编者水平有限，难免存在不足之处，敬请读者批评指正。

编　者
2020 年 11 月

目录

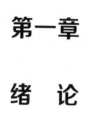

第一章

绪 论

第一节 研究背景

太赫兹（THz）波介于毫米波与红外光之间，频率范围在 0.1THz（100GHz）~10THz，对应波长为 3mm~30μm，处于从电子学向光子学的过渡区，太赫兹波对应电磁辐射波谱如图 1.1 所示。

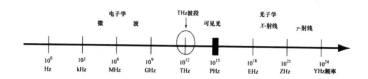

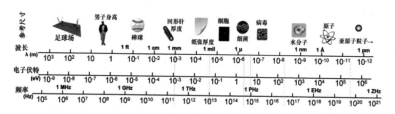

图 1.1　电磁辐射波谱

太赫兹频段在无线电物理领域称为亚毫米波，在光学领域则习惯称之为远红外光，太赫兹波具有瞬态性、低能性、相干性和宽带性等特点。在 20 世纪 80 年代中期以前，有效的 THz 辐射产生方法和检测方法相对缺乏，因此人们对这一波段的特性了解甚少，此波段也称作电磁辐射波谱的 THz 空隙。近来，由于太赫兹波广阔的应用前景和独特的性能越来越受到各国关注，随着应用研究的不断发展和交叉学科领域的不断扩大，太赫兹波的研究与应用得到快速发展。

一、太赫兹频段雷达和通信系统成为未来空间无线技术的重要发展方向

相对于常规的微波及毫米波频段的波长，THz 频段的波长更短，因此更利于实现极大信号带宽和极窄信号波束，适应解决目标的高分辨率成像，而且物体运动导致的多普勒效应更为明显，更适用于检测目标的运动特征。上述特征使得 THz 雷达探测系统具有极高分辨率的目标成像识别和微小目标探测能力。虽然太赫兹频段大气衰减非常严重，不过太赫兹频段对于太空环境的衰减大大降低，因此，太赫兹探测系统在太空环境的应用更易实现高分辨目标探测。相比于微波雷达，太赫兹雷达探测系统具有技术优势如下：

1. 太赫兹雷达具有更强的保密性和更高的分辨率。

太赫兹频段波长很短，更易获取目标高分辨率，实现极大信号带宽，提取更丰富目标信息，相比于微波雷达探测更细微的目标，实现更精确的定位。

2. 太赫兹雷达可以实现更好的角分辨率。

太赫兹频段更易实现极窄的天线波束，同一个天线孔径，在220GHz 工作的雷达比 X 波段工作的雷达发射天线的波束宽度窄 20倍以上，即雷达频率越高可获得越窄的波束宽度。太赫兹频段可以提供极窄天线波束，得到更优的角跟踪精度、更大的天线增益，且更高的角分辨率能够快速提升目标分辨和识别能力。

3. 太赫兹雷达具有获得空间目标高分辨率探测和目标成像识别能力。

太赫兹脉冲典型脉宽为皮秒级，具有极高的时间分辨率，太赫兹单个脉冲频带可覆盖 GHz 到 THz 频率范围，其宽带性能相对于普通微波雷达具有巨大优势，获得的空间目标雷达成像更清晰。

4. 太赫兹雷达系统具有突出的抗干扰能力。

现有电子战干扰技术主要集中在微波频段和红外频段，对太赫兹频段不易产生有效的干扰，且太赫兹频段极窄天线波束能够降低干扰机注入雷达主瓣波束的概率，减小雷达对干扰的灵敏度，同时，极高的天线增益对旁瓣干扰可实现抑制作用。

5. 太赫兹雷达系统具有独特的反隐身功能。

目前隐身技术主要集中在微波频段，在太赫兹频段隐身效果不好。对微波频段吸收材料，太赫兹波穿透性较好，有利于探测隐身目标。常见窄带微波雷达不能有效探测到 RCS 较小的隐形目标，而太赫兹雷达发射的太赫兹脉冲具有更宽的频率，可以让隐形飞机窄带吸波涂层失去效果。此外，普通雷达对于扁平薄边缘容易生成共振吸收从而减弱反射强度，宽带太赫兹雷达可以产生很小的共振面避免这一问题。

6. 太赫兹雷达系统具有穿透等离子体对目标实现探测的能力。

太赫兹波可以在等离子体中传播，因此对于太赫兹雷达等离子体隐身技术是无效的。根据其对等离子体的穿透特性，能够将太赫兹波应用在宇宙飞船、航天飞机的发射与回收过程中，因为在这一过程中，空气电离会影响飞行器与基地的通讯，应用太赫兹技术能够避免这一影响，确保通讯顺畅，这是其他频段技术不能实现的。

总之，雷达主要是对目标方位和距离的探测，而超宽带太赫兹雷达具有超大信号带宽、超高的距离分辨率、强穿透力、强抗干扰性、低截获率、独特的穿透等离子体和反隐身功能，应用于雷达探测系统具有强大的技术优势。

无线通信技术发展趋势是可移动化与宽带化，因此开辟新的可用频段是未来无线通信的重要发展方向。随着带宽越大，所需载波频率也会越高，太赫兹波频率较高，正好满足高载波频率要求，应用于无线电通信，能够极大地增大无线电通信网络带宽，实现无线移动高速信息网络。

1.高速短距离无线通信。

伴随无线通信网络对高速的需求日益迫切，研究人员努力将工作频率延伸至更高频段，如太赫兹频段。由于太赫兹波在空气中传播时易被水分吸收，故更适合于短距离通信。

2.宽带无线安全接入。

近来室内宽带无线通信需求随着HDTV等宽带多媒体广播日益发展，显得越来越紧迫，在没有压缩的情况下，高清电视电影等多媒体传输需要的带宽已达到GHz，目前采用的无线通信方法（包括最新技术UWB等）无法胜任，若采用太赫兹能够满足这一需求。如今计算机通信网络、电话和电视网络在日常生活中的影响越来越大，在军事活动等方面，计算机和网络的影响也无处不在，由于太赫兹波具有极大的带宽特性，可以在各领域发挥技术优势，实现宽带无线安全接入。

3. 宽带通信和高速信息网。

太赫兹波应用于通信时无线传输速度能够达到 10Gb/s，与目前超宽带技术相比，提升几百甚至上千倍，而且相比于可见光和红外，具有更强的云雾穿透能力和更高的方向性，这一特性可以确保太赫兹通信能够以超高的带宽满足卫星通信的高保密要求。太赫兹频段位于红外线和微波之间，频率相比于手机通信频率高达 1000 倍以上，可以成为很好的宽带信息载体，尤其适合实现局域网、星地间和卫星间的宽带移动通信。因此将太赫兹波应用在无线电通信中，能够大大增加无线电通信网络的带宽，对无线移动高速信息网络提供帮助。

4. 太赫兹波空间通信。

太赫兹波在外层空间传输能够做到无损传输，只需使用较小的功率就可以满足远距离通信需要，与光谱通信相比，太赫兹波束更宽，对准更容易，量子噪声更小，且天线系统满足平面化和小型化发展趋势。此外，在空间技术上太赫兹波还有另一个重要应用，使用太赫兹波可以实现和重返大气层的人造卫星、导弹、宇宙飞船等进行遥测与通信。飞行器进入大气层后，会与空气剧烈摩擦形成高温，四周的空气会被电离形成等离子体，由此导致通信遥测信号剧烈衰减，甚至引起信号中断等问题。这个阶段通过太赫兹波的穿透特性能继续保证有效通信。因此太赫兹波能够广泛应用在天基雷达与太空通信。

5. 太赫兹通信在军事上的应用。

相比于红外线等波段，太赫兹波具有更易穿透浓雾、云层和伪装物等优点。这一特性在国防和军事的应用很有前途。使用太赫兹制作导航系统可实现全天候、高分辨率等，即使浓雾天气也能用于导航或指挥飞机着陆。通过太赫兹大气传输窗口的应用还能满足太赫兹波近距离战术通信需要。在特定情况下，由于战区作战地带通常充斥着全频段各类信号，通信声道混乱，拥塞现象严重，此时较短的传输距离反而形成了战场优势，故太赫兹通信通过大气衰减可用于隐蔽的短距离通信。

太赫兹通信技术应用前景非常远大，目前太赫兹波还有巨大的频带范围尚未开发与分配，而且太赫兹波许多特性都利于通信技术应用，如方向性好、速率高、散射小、穿透性好、安全性高等。太赫兹通信将给通信系统的发展带来巨大的契机，特别对于空间通信和宽带移动通信具有独特优势，目前国际电联已对 0.12THz 和 0.22THz 做出频率规划，分别应用于移动业务（地面无线通信）和卫星通信业务。

综上所述，太赫兹作为一个新的频段，已成为未来雷达和无线通信的重要方向。与传统微波雷达相比，太赫兹雷达技术能够探测的目标更小，定位精度更高，且具有保密性更好、分辨率更高等优点，因此太赫兹技术成为未来高精度雷达重要发展方向。而使用太赫兹波应用于无线通信技术，能够大大增加通信带宽，从而实现无线移动高速信息网络，而且太赫兹波的特点非常适用于空间通信和宽带移动通信。国内外研究机构正努力实现太赫兹频段的上述应用，对此开展探索性研究，在各领域已出现相关原理性系统，因此对太赫兹雷达和通信系统所需关键元部件进行研究显得极为迫切，太赫兹频段器件的研究同时会引导太赫兹系统的研究，推动太赫兹技术的发展。

二、收发隔离网络概述及研究意义

目前，越来越多的无线系统应用场景需要发射端和接收端同时工作以提高效率，如：飞机上有限空间内装有雷达装置、通信装置和电子干扰装置等各种电子设备，在战时状态，需要对敌人连续发射电子干扰信号，同时使用雷达接收对方位置信息等，此时需要实现发射和接收的同时工作状态。如果给接收机和发射机各配给一个天线，不但增加了成本、体积，而且天线传递信号还会相互干扰，解决这一问题可采用接收 / 发射共用天馈系统，即同一个天线既发射又接收。这样可以避免采用两套天馈系统，在简化结构的同时降低成本，保证发射天线和接收天线的一致性。为了保证接收和发射共用，天线必须同时连接发射机和接收机，而通常发射机的输出功率要远大于接收机的烧毁功率，所以接收和发射共用天馈系统主要解决的问题就是对接收机提供保护，在发射状态下确保其正常工作而不被烧毁，即能够提供足够大的收发隔离，故该收发隔离网络在无线射频前端发挥着举足轻重的作用，这种收发隔离网络在微波频段统称双工器，如图 1.2 所示。

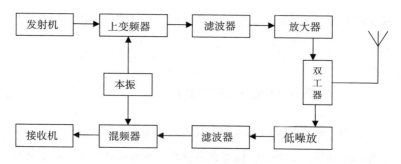

图 1.2　无线系统前端示意图

收发隔离器作为实现上、下行通信信道共用一副天线而产生的微波器件，它的主要任务是完成把发射出去的电磁波信号只传输到天线端口而不能传输到接收通道，同时也要实现天线接收电磁波生成的电信号只传输至接收通道而不能传输至发射通道。常规收发隔离器可以看作一个三端口网络，包括天线端口、发射端口以及接收端口，若天线端口安装天线后，收发信道能够满足同时工作而不产生相互干扰。收发隔离器的类型可分为同频收发隔离器和选频收发隔离器两种，它们广泛应用在微波测量、中继通信、卫星通信等领域。

最早出现的收发隔离器应用是环行器，如图 1.3 所示，应用法拉第原理设计制作。当发射信号经过环行器时，信号从发射端口 1 传输到天线端口 3，此时，无任何信号向接收端口 2 输出，因此可使收发信机之间构成互不干涉、互不影响的通道，从而实现收发共用一副天线。环行器具有下列显著优点：第一，它是无源器件，不存在附加激励电源，不产生功耗；第二，信号的收发不用设置触发结构；第三，环行器的接口结构多，能够满足波导、同轴线及微带线等结构的需要。

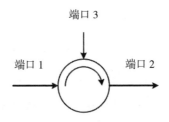

图 1.3 环行器结构示意图

作为无源多端口器件，当信号经过环行器时按照某一固定方向环行传播，而在反方向无法进行传播，这就是环行器单向传导特性，如果在环行器中某一个端口连接匹配负载，则可形成隔离器件，实现收发隔离功能。此时能量只能经一个方向通过且损耗很小，当反方向传输时能量会被负载吸收且损耗很大。理想环行器可以完成收发同频率，进而大大节约频率资源，然而实际中环行器的设计制作达不到理想状态，其隔离度不可能是无限的。

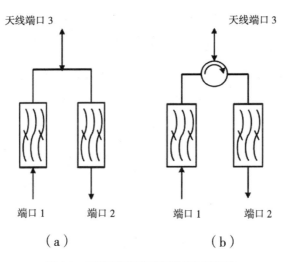

图 1.4 带滤波通道的选频收发隔离网络

实现选频功能的收发隔离网络如图 1.4（a）所示，收发信道的分合可由选频滤波器来实现。其分支接头一般采用 E 面、H 面分支波导（常用在宽带或信道间隔较宽的收发隔离网络）或 E 面、H 面 T 型头（常用在窄带收发隔离网络）。这类收发隔离器上下行通带使用的滤波器工作频率不同，以此实现发射信号 f_1 与接收信号 f_2 互不干扰，设计发射通道带通滤波器的中心频率为 f_1，抑制频率设定为 f_2，保证信号 f_2 不能通过该带通滤波器到达接收机；设计接收通道带通滤波器的中心频率为 f_2，因此信号 f_2 能顺利到达接收机，而发射信号 f_1 在此处被抑制掉，从而实现了收发端口的隔离。此类收发隔离器仅采用选频部件，具有结构简洁整齐，成本较低的优点，但据工作原理分析只有在满足必要的条件时才能实现隔离度，进一步研究中，当收发频率间隔较小或出现交叠的情况时，需采用结合环行器和滤波部件的方法，如图 1.4（b）所示。实际工程设计中，若滤波器的性能不能通过增加滤波器的阶数而产生明显改善，又对其时延和插损等指标有一定限制，也能通过使用该方案，为收发频率提供合理的间距和较大的收发隔离度。

如前面章节所述，太赫兹频段雷达和通信系统已成为未来空间无线技术的重要发展方向，而上述系统的研制和应用必须解决太赫兹频段收发隔离问题，目前常规环行器结合选频部件的方法，在太赫兹频段应用具有较大局限性，如环行器物理尺寸非常微小，国内加工工艺无法保证器件精度，对收发隔离网络工作性能产生较大影响。因此本文对太赫兹收发隔离网络关键技术展开研究，结合加工工艺发展趋势，研制新型结构器件解决太赫兹收发隔离问题具有重要意义。

第二节　国内外研究现状

在微波频段和毫米波的低端频段，对于双工器或收发隔离网络，前人已取得大量研究成果，也有众多产品可供选择。随着频率升高，器件物理尺寸缩小，已有的技术方案带来加工工艺的障碍难以克服，因而考虑采用准光学方法解决太赫兹系统收 / 发共用天馈系统的收发隔离问题。此类收发隔离网络在内部单元器件间有限距离内不采用波导传播，不采用环行器和滤波器等微波器件，而使用光学器件用于太赫兹波传播，实现收发隔离。

首都师范大学使用的 200GHz 光学聚焦成像雷达较早应用该设计思路，此雷达工作原理主要使用光学成像，所使用收发隔离器件主要是由半透型硅片制成，如图 1.5 所示。发射时发射波入射于硅片的一面，该面加工为粗糙面，发射波透射通过硅片；接收时，接收波照射回硅片的另一面，该面经打磨抛光处理，此时硅片为反射作用，从而实现收发隔离。该设计中半透型硅片在太赫兹频段插入损耗较大、收发隔离度小于 20dB、工作距离较近约 18cm。

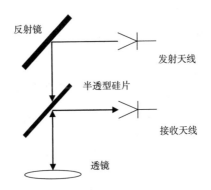

图 1.5 200GHz 光学聚焦成像雷达收发隔离原理图

2008 年，美国喷气推进实验室（JetPropulsion Laboratory，JPL）研制具有高分辨率测距能力的 THz 雷达成像系统，如图 1.6 所示。收发隔离方案主要使用分束镜，由高阻硅圆片单面镀膜制成。发射时发射波入射于分束镜的一面，该面覆盖增透膜，发射波透射通过硅片，透过率接近 50%；接收时，接收波照射回分束镜另一面，对回波呈反射作用，反射率达到约 80%，从而一定程度上实现了收发隔离效果。该雷达工作频率达 580GHz，该收发隔离方案受入射电磁波波长影响较大，整体损耗约 7.5dB。

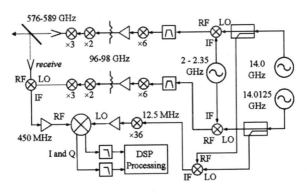

图 1.6 580GHzTHz 雷达成像系统原理图

美国 Robert W.McMillan 利用准光学原理设计了一个工作于 225GHz 的脉冲相干雷达，如图 1.7 所示。该雷达使用聚酯薄膜基底铝制光栅和双折射率蓝宝石材料组成收发隔离网络，插入损耗约 4.8dB，收发隔离度约为 20dB，该设计方案器件制作成本较大，且国内对基底材料的加工工艺不成熟，高温条件下易产生形变，工作性能不稳定。

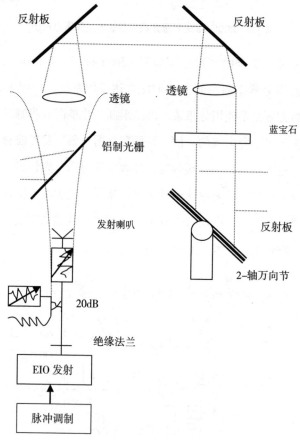

图 1.7 225GHz 脉冲相干雷达系统原理图

　　英国托马斯基廷公司（TK Instruments）与帝国理工大学太赫兹实验室研制了一套基于法拉第极化旋转器的收发隔离系统。如图1.8所示，端口2位置为高方向性发射天线，天线极化方向与端口3处的栅条方向垂直，发射的电磁波无损耗通过45°栅条结构，经过法拉第旋转片，使电磁波极化方向旋转45°，与端口4处的栅条垂直，可使电磁波接近无损耗的通过，且进一步反射损耗掉平行于栅条方向的极化分量。电磁波经端口2发射照射至目标，回波也经端口2进入隔离系统，垂直于栅条方向的回波分量可透射通过，此时回波信号通过法拉第旋转器使极化方向改变45°，与端口1处的栅条结构平行，使接收信号反射回端口3完成收发隔离。该收发隔离结构标明设计工作频率为350GHz，但随着频率的升高法拉第旋转片对电磁波的透射损耗增加较多，在350GHz频率处的透射损耗为4dB，隔离度最佳值约为40dB，照射目标为极化波，因此接收端对回波的极化方向要求较高，不适用于照射复杂目标。

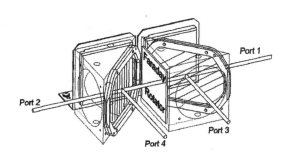

图1.8　法拉第极化旋转器的收发隔离系统原理图

　　北京理工大学设计了 220GHz 反射型正交极化收发隔离网络，满足工作带宽内插入损耗小于 3dB，收发隔离度大于 30dB，原理框图如图 1.9 所示。其工作原理为：若发射天线电磁波为水平线极化波，将在极化隔离器处透射传播，且插入损耗很小，直线传播经极化变换器处电磁波转换为圆极化波，反射后发射至目标；目标回波为逆向圆极化波，再次经极化变换器变为线极化波，极化方向与发射线极化波相互正交，此时该正交线极化波在极化隔离器处反射传播进入 90° 垂直通道，实现收发隔离效果。

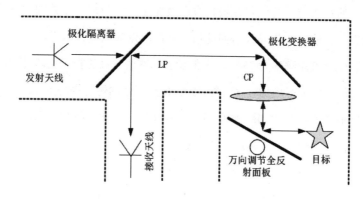

图 1.9　220GHz 收发隔离网络原理图

第三节 主要内容和结构安排

如前所述，由于太赫兹频段的巨大优势，太赫兹频段雷达探测和通信系统具有重要的研究意义，国内对太赫兹技术研究起步较晚，因此加快对太赫兹系统所需关键器件的研究显得极为迫切，解决太赫兹频段收发隔离问题成为重要的研究课题。由于太赫兹频段在大气中衰减比较严重，已知的大气窗口主要有 0.22THz、0.34THz、0.41THz、0.67THz 等，目前太赫兹系统研究主要集中在上述大气窗口范围内，故结合太赫兹技术发展趋势和现有技术基础，本书拟对 340GHz 收发隔离网络关键技术进行研究。

第一章，简要介绍太赫兹波特点，阐述了太赫兹波在雷达探测系统和无线通信系统中的应用优势和发展趋势。然后分析收发隔离网络在无线系统应用中的重要意义，概述传统微波毫米波频段收发隔离方法优势与不足，分析国内外研究现状，结合实验室课题研究需要，阐述太赫兹频段收发隔离网络技术研究的目的和意义。

第二章，首先分析收发隔离网络基本原理，将其简化为三端口网络，推导收发隔离度由天线反射特性 Γ_S 和收发隔离网络特性（包括 S_{21}、S_{22}、S_{32}、S_{31}）共同确定的表达式，并简要介绍收发隔离网络各项技术指标。然后结合收发隔离网络原理框图，分析太赫兹波传播路径和状态，讨论引入介质透镜将球面波模拟为平面波的方案，最后对整体结构进行设计，提出主要设计指标。

340GHz 收发隔离网络关键技术研究

第三章，研究金属线栅极化隔离器的工作特性，即实现对垂直极化入射波呈现透射，对水平极化入射波呈现反射，实现正交极化波的分离，提供较高的收发隔离度；经过金属线栅极化隔离器等效传输线理论分析，得到两种正交极化入射波的透射损耗和反射损耗与器件选材的介电常数、损耗角正切和金属线栅尺寸、周期、电磁波波长等参数的变化规律；最后对理想状态下和几种常见基底材料的极化隔离器在 340GHz 电磁波入射的电磁性能进行全波仿真计算，对金属线栅周期和宽度参数进行优化设计，分析极化隔离器工作性能。

第四章，综述已有应用的微波频段线/圆极化变换器结构，提出反射型极化变换器设计方案，研究基本工作原理和电磁波传播的极化状态；再通过对双层反射面间距理论计算得到介质厚度取值，进行仿真计算和参数优化，考察线极化入射波两正交电场分量相位差和幅度差；最后研究分析该结构极化变换器工作带宽、插入损耗等工作性能。

第五章，分析反射型收发隔离网络不足之处，提出透射型结构收发隔离网络原理框图，在此基础上，重点研究其单元器件透射型极化变换器。首先研究低频段现有应用的多层华夫结构和蓝宝石极化变换器在 340GHz 的应用，然后重点研究各向异性超材料电磁波传播特性，使用电谐振单元（ELC）金属结构设计超材料极化变换器，进行理论分析和全波仿真计算，调整器件结构参数，研究器件工作性能，并分析了不同加工误差的影响。

第六章，介绍了光刻技术的基本概念与原理，讨论光刻图形形成过程的基本步骤，分析影响光刻质量的主要因素和相关参数；在此基础上，根据各单元器件设计方案及结构参数，采用全息光刻技术制作光栅掩模，采用 IBE 方法将光刻胶图形转移到金属材料上，通过各环节精度控制及检测，经过完整工序完成单元器件的制作；设计收发隔离网络集成组装方案，主要包含吸波箱体、底部滑轨、活动支撑件和吸波材料的贴装，研制完成 340GHz 收发隔离网络原理样机；最后设计测试方案，搭建测试系统，进行材料测试、关键单元器件电性能测试和隔离网络原理样机电性能调试及测试等实验研究。

第七章，编者对主要工作与结果进行总结，归纳主要创新点，并对下一步的技术发展趋势和研究工作进行展望。

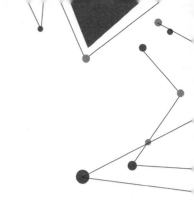

第二章

340GHz 反射型收发
隔离网络

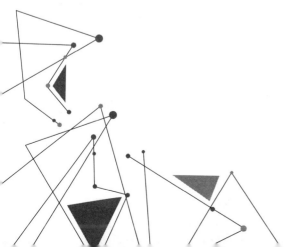

第一节　收发隔离网络基本原理

一、收发隔离网络及收发隔离度

收发隔离网络根据工作时序分为两类，即分时收发隔离网络和同时收发隔离网络。分时收发隔离网络是指天馈系统分时交替进行发射与接收，实现隔离的方法常使用射频开关，由外部时序控制射频开关状态，在发射 / 接收二者间不断切换，原理框图如图 2.1 所示；同时收发隔离网络是指天线在发射的状态下也能同时用于接收，原理框图如图 2.2 所示，图中射线即为信号传播路径，本章主要研究同时收发隔离网络。

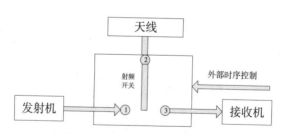

图 2.1　分时收发隔离网络原理框图

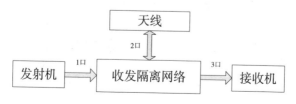

图 2.2　同时收发隔离网络原理框图

显然，收发隔离网络可看作三端口网络，其收发隔离度由发射机的最大输出功率与接收机可承受的最大功率共同决定，三者关系如下

$$C_{dB} = 10\log\left(\frac{P_t}{P_r}\right) \qquad (2\text{--}1)$$

其中 C_{dB} 即为收发隔离度，P_t 为经发射机进入天馈系统的最大输入功率，P_r 为接收机可承受的最大功率。收发隔离网络作为简化后的三端口网络，其本征 S 参数矩阵如下式

$$S_0 = \begin{bmatrix} S_{11} & S_{12} & S_{13} \\ S_{21} & S_{22} & S_{23} \\ S_{31} & S_{32} & S_{33} \end{bmatrix} \qquad (2\text{--}2)$$

当收发隔离网络端口 2 与天线负载连接时，三端口网络可以化简看作二端口网络，其 S 参数应包含连接负载的特性。设端口 2 连接天线负载的反射系数为 Γ_S，可推导获得化简后二端口网络 S 参数矩阵如下式：

$$S = \begin{bmatrix} S_{11} + \dfrac{\Gamma_S}{1 - S_{22}\Gamma_S}S_{12}S_{21} & S_{13} + \dfrac{\Gamma_S}{1 - S_{22}\Gamma_S}S_{12}S_{23} \\ S_{31} + \dfrac{\Gamma_S}{1 - S_{22}\Gamma_S}S_{21}S_{32} & S_{33} + \dfrac{\Gamma_S}{1 - S_{22}\Gamma_S}S_{23}S_{32} \end{bmatrix} \qquad (2\text{--}3)$$

从而可获得传输方程为：

$$\begin{bmatrix} b_1 \\ b_3 \end{bmatrix} = \begin{bmatrix} S_{11} + \dfrac{\Gamma_S}{1 - S_{22}\Gamma_S}S_{12}S_{21} & S_{13} + \dfrac{\Gamma_S}{1 - S_{22}\Gamma_S}S_{12}S_{23} \\ S_{31} + \dfrac{\Gamma_S}{1 - S_{22}\Gamma_S}S_{21}S_{32} & S_{33} + \dfrac{\Gamma_S}{1 - S_{22}\Gamma_S}S_{23}S_{32} \end{bmatrix}\begin{bmatrix} a_1 \\ a_3 \end{bmatrix} \qquad (2\text{--}4)$$

由（2-4）式可得：

$$b_3 = (S_{31} + \frac{\Gamma_S}{1-S_{22}\Gamma_S}S_{21}S_{32}) \cdot a_1 + (S_{33} + \frac{\Gamma_S}{1-S_{22}\Gamma_S}S_{23}S_{32}) \cdot a_3 \qquad （2-5）$$

若接收机与收发隔离网络输出端口3满足了良好匹配，即$a_3=0$，则：

$$b_3 = (S_{31} + \frac{\Gamma_S}{1-S_{22}\Gamma_S}S_{21}S_{32}) \cdot a_1 \qquad （2-6）$$

分析（2-6）式可知，发射机通过天馈系统耦合到接收机的信号能量有两个组成部分：第一部分是通过收发隔离网络端口1与端口3直接耦合的信号，第二部分表示由端口1传输至天线后，再经天线反射传输到端口3的信号。该两部分信号能量在接收机端口矢量叠加，组成进入接收机的总能量。此时发射机最大输入功率和上述进入接收机功率的比值即为天馈系统的收发隔离度。从（2-6）式可获得收发隔离度为：

$$C = \frac{b_3}{a_1} = S_{31} + \frac{\Gamma_S}{1-S_{22}\Gamma_S}S_{21}S_{32} \qquad （2-7）$$

分析（2-7）式可知，天线反射特性Γ_S和收发隔离网络特性（包括S_{21}、S_{22}、S_{31}、S_{32}）共同确定收发隔离度。显然，为了满足一定的收发隔离度指标，必须保证该三端口网络S_{21}、S_{31}、S_{32}越大且S_{22}、Γ_S越小越好。

二、收发隔离网络技术指标

收发隔离网络作为一个三端口网络，它的特性会被多项因素所影响，因此定义多个参数指标，用于判定工作性能。主要技术指标如下：

1. 中心频率（Center Frequency）：通常中心频率 f_0 有两种定义方式：$f_0=(f_1+f_2)/2$ 或 $f_0=sqrt(f_1f_2)$。上式 f_1 和 f_2 是指工作带宽内左、右边缘功率降低 3dB 时相应频点。

2. 隔离度（Transceiver isolation）：隔离度是全双工系统工作性能的重要评价指标。对于收发隔离网络定义为，发射机输出信号与进入接收机端口的信号的比值，定义式如下：

$$C_{dB}=10log\left(\frac{P_t}{P_r}\right) \tag{2-8}$$

式中，P_t 为发射机输出功率，P_r 为接收机接收功率。

3. 工作带宽（Bandwidth）：收发隔离网络正常工作时需要通过的频率范围，即收发隔离网络满足隔离度、插入损耗等指标要求时的频谱宽度。

4. 插入损耗（Insertion Loss）：微波传输电路中加入收发隔离网络对能量或增益的损耗，通常以中心频率或截止频率处损耗作为参考值。其定义式如下：

$$IL=-20log\left|\frac{V_{out}}{V_{in}}\right| \tag{2-9}$$

5. 通带纹波（Ripple）：反映插入损耗在工作带宽内随频率变化的起伏值，该指标显示了通带信号平坦度，通带纹波越小，工作性能越好。

6. 带内驻波（VSWR）：指电压驻波比，反映端口匹配性能。驻波比显示了传输线上的工作状态，其值越接近 1 时工作性能越好。

VSWR 等于 1 时即为理想匹配，当 VSWR 大于 1 即为失配。实际应用中常规收发隔离网络获得端口匹配应实现驻波比小于 1.5。

7. 回波损耗（Return Loss）：反映信号反射性能，当部分入射功率被反射回到信号源，即可用反射信号和端口处输入的功率比值计算分贝值表示，定义式为：

$$RL = -10log\left|\frac{P_r}{P_{in}}\right| - 10log\left(\frac{VSWR-1}{VSWR+1}\right)^2 = -10log\left(|\rho|\right)^2 \qquad （2\text{-}10）$$

式中，ρ 为反射系数。

8. 群时延：反映的是输出信号的相频特性。群时延特性影响信号传输包络是否失真，其值可采用相移对频率的变化进行表示，一般为相位对角频率的导数，定义式如下：

$$\tau_D = \frac{d\phi_t}{d\omega} = \frac{1}{2\pi}log\frac{d\phi_t}{df} \qquad （2\text{-}11）$$

9. 功率容量：即收发隔离网络正常工作状态可以承受的最大输入功率。

10. 工作温度范围：由于温度在区间内变化从而导致收发隔离网络性能发生变化，通常使用工作温度定义这一特性，即能够保证收发隔离网络正常工作性能的前提下所处的温度区间。

第二节　340GHz反射型收发隔离网络

本节拟对 340GHz 收发隔离网络关键技术进行研究，利用太赫兹波介于毫米波和红外辐射之间的物理特性，采用准光学原理解决太赫兹收发共用天馈系统隔离问题。研究思路如下：重点研究和设计该工作频率收发隔离网络关键单元器件，即极化隔离器和反射型极化变换器，再对关键单元器件整体集成，实现 340GHz 反射型收发隔离网络。

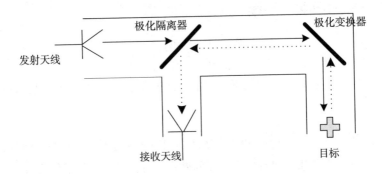

图 2.3　准光学反射型收发隔离网络原理图

为方便描述，首先结合反射型收发隔离网络原理框图对太赫兹波传播路径和状态进行分析，如图 2.3 所示。设发射天线电磁波为水平线极化波，极化隔离器能够透射传播水平线极化波，在发射端口与 90° 垂直方向的接收端口提供隔离；发射通路中，发射水平线极化波经极化变换器反射，变换为圆极化波（假设极化方向为左旋），此左旋圆极化波照射探测目标后，其回波为逆向圆极化波（即右旋圆极化波），再次经过极化变换器反射变换为线极化波，此时极化方向为正交方向（即垂直线极化波）。该极化方向回波在极化隔离器处呈现反射，进入接收通道且插入损耗很小。需要说明，由于接收通道接收的目标回波信号能量相对很低，所以回波对发射通道造成影响基本可忽略不计。

一、介质透镜模拟平面波

需要指出，收发隔离网络设计方案中使用的波源为圆锥喇叭天线，在天线口面近距离内辐射的电磁波为球面波，而极化隔离器的极化隔离特性只对平面波有效，故可加入介质透镜作为平行校正器，在单元器件处形成平面波。如图 2.4 所示，介质透镜可改变电磁波辐射路径，圆锥馈源喇叭中心区域辐射路径增长，同时边缘区域电磁波增加的辐射路径逐步变短，最终实现发射电磁波波前（Wave-front）变换为平面波前。为了方便说明，对介质透镜天线进行仿真。图 2.5 为仿真电场分布结果图，圆锥馈源喇叭口面电场分布之前是球面波电场，经介质透镜传播转换，其电场分布逐渐形成平面波波前，发射端输出线极化波离开透镜进入自由空间后，已经变换为近似平面波。一般应用中，为了获得良好的模拟效果，所使用介质透镜与待测件孔径尺寸相比，需要大 2~4 倍以上，否则，由于存在透镜散射和边缘绕射效应，将会产生较大误差。

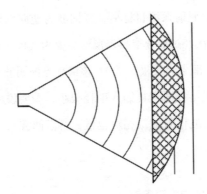

图 2.4   介质透镜天线的原理示意图

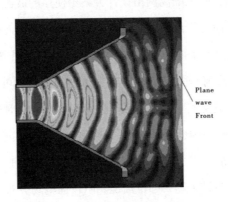

图 2.5   一种介质透镜天线的仿真电场分布

二、整体结构设计

近年来在太赫兹波段由于准光技术的发展，尤其是高斯波束的理论分析为太赫兹器件设计与测试提供了重要理论方法。喇叭天线馈源可简便地用高斯波束基模展开（理论分析中忽略天线产生的高次模），对于其在自由空间中传播的方式能有更清晰的认识，如波束半径、束腰位置、发散角、共焦距离等可以进行具体的计算，而高斯波束的束腰位置满足平面波的相位一致特性，对测试一些基于平面波激励的器件具有重要意义。由于本收发隔离网络中发射信号与回波信号共存，因此不能简单地制造一个束波导将器件放置于其束腰位置，本节仍采用远场副瓣的方法对发射、接收天线的位置进行分析。

前文可知隔离网络设计时电磁波传播路径未使用波导，本节将发射/接收电磁波看作一根射线或一束空间角很小的射线束，而事实上发射天线的电磁波主波束充满着整个空间（接收天线可逆），主波束宽度由天线口面尺寸所定，第一副瓣与其他副瓣角度大小和辐射功率强度与天线参数相关。因此，为了满足设计要求，还需考虑以下因素：极化隔离器面积应覆盖发射天线的主波束空间照射面积，且发射天线第一副瓣不能处于接收天线空间角内。故单元器件几何尺寸越大工作性能越好；但受工艺实现难度、加工精度所限，希望器件加工尺寸越小越好，需兼顾二者需求。

本设计方案中，发射/接收天线参数如下：天线为矩圆过渡喇叭天线；天线口面内直径为 3.24mm；天线过渡段长度为 3.9mm；波导使用 325GHz-500GHz 标准波导 0.5588mm × 0.2794mm，长度为 0.65mm。根据上述发射/接收天线参数，使用 Ansoft-HFSS 仿真计算得到天线方向图结果如图 2.6 所示，由发射/接收天线方向图可知喇叭天线 3dB 带宽 $\theta_{3db}=20°$；在 $\theta=0°$ 时天线增益 G=19.6dB。

340GHz 收发隔离网络关键技术研究

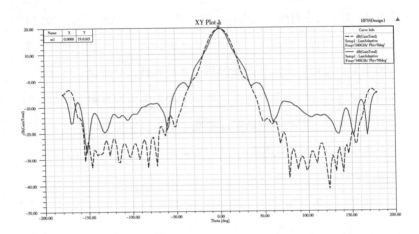

图 2.6　发射 / 接收天线方向图

参考发射 / 接收天线方向图特性参数，依据前文介绍的整体结构设计原则，对收发隔离网络单元器件位置进行计算。设极化隔离器直径为 D，发射天线相位中心与极化隔离器中心距离为 R，接收天线口面与极化隔离器中心距离为 H。

要满足发射天线主波束（以 3dB 主瓣宽度 ±10° 为准）能够照射整个极化隔离器范围，计算可得：

$$R \leqslant 2.362D \qquad (2\text{-}12)$$

要满足发射天线第一副瓣不进入接收天线空间角，计算可得：

$$R \geqslant 2.75H \qquad (2\text{-}13)$$

要满足接收电磁波能够全部进入接收天线，接收天线口面距离极化隔离器中心距离应满足：

$$H \geqslant 2.362D \qquad (2\text{-}14)$$

将式（2-14）代入式（2-13）计算可得：

$$R \geqslant 6.5D \qquad (2-15)$$

显然，式（2-12）与（2-15）不能同时满足，导致的主要原因是为了满足发射天线第一副瓣不进入接收天线空间角引起的。为解决该问题，收发隔离网络内壁必须使用太赫兹频段吸波材料进行空间隔断遮挡的方法，实验使用泡沫尖劈吸波材料进行铺设，如图 2.7 所示。为了降低整个收发隔离网络系统尺寸，也可以使用铁氧体吸波材料替换泡沫尖劈吸波材料。

此外，在整体结构设计过程中，反射型收发隔离网络需要特别注意下述问题：分析图 2.3 所示，由于发射电磁波在极化变换器处反射进入 90° 垂直的发射通道内（回波传输路径可逆），考虑太赫兹网络整体尺寸较小，且单元器件口径较小，故反射型极化变换器摆放位置和角度误差需要严格控制，当误差较大时，不能保证电磁波完全通过传输路径，从而插入损耗增大，甚至完全不能照射在单元器件有效口径内，导致收发隔离网络不能工作。

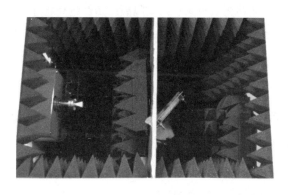

图 2.7　金属箱体内部铺设泡沫尖劈吸波材料示意图

三、主要设计指标确定

前文简要介绍收发隔离网络用于判定工作性能的常规技术指标，针对本书研究对象 340GHz 收发隔离网络，我们重点关注并研究其性能指标分析如下：

1. 为保证器件工作频率符合太赫兹波大气传播窗口，不仅中心频率设定为 340GHz，还应满足频率偏移越小越好。

2. 为发挥太赫兹系统宽频段，高分辨率成像的优势，收发隔离网络绝对工作带宽应满足越大越好。

3. 作为收发隔离网络，同时连接至发射机和接收机，其基本功能为在发射时对接收通道提供隔离，保护接收机不被烧毁或破坏，故隔离度指标设计有严格要求。如在某种典型的应用场合，发射机的峰值功率达 10KW，而接收机允许的最大安全功率小于 1W，则该应用场合所用收发隔离网络必须在发射机与接收机之间满足大于 40dB 的隔离度，如果隔离度指标不满足系统需要，严重时将导致接收机烧毁或接收机阻塞现象，因此隔离度指标越高越好。

4. 发射信号和回波信号传播均需经过收发隔离网络内部传输路径，故插入损耗将直接影响系统性能。当插入损耗过高且隔离度较小时，收发隔离网络信噪比将大大降低，从而影响系统灵敏度；且插入损耗能量将以产生热量的方式散发到系统中，若控制不当会产生系统散热问题。

5. 太赫兹收发隔离网络应用于太赫兹雷达或通信系统等工作场景时，太赫兹辐射能量可能较大，关键单元器件设计时，需考虑高功率输入需求，采用承受功率容量较高的材料与结构。

　　需要说明的是，实际应用中，收发隔离网络所连接的发射天线和接收天线极化方向正交，理论上交叉极化可提供至少相差 20dB 以上的极化隔离度，故整体隔离度设计指标，为单元器件隔离度与交叉极化隔离度两者之和。

第三节 小结

本章首先对收发隔离网络基本原理进行分析，将其简化为三端口网络，根据收发隔离度定义，它由发射机的最大输出功率和接收机能承受的最大功率决定，再引入本征 S 参数矩阵，在初始功率计算公式基础上，推导得到收发隔离度由天线反射特性 Γ_S 和收发隔离网络特性（包括 S_{21}、S_{22}、S_{31}、S_{32}）共同确定的表达式，分析可得收发隔离度与各参数的关系；并简要介绍收发隔离网络各项技术指标用于判定工作性能。然后根据 340GHz 准光学反射型收发隔离网络原理框图，分析太赫兹波传播路径和状态，讨论引入介质透镜将球面波模拟为平面波的方案，最后进行整体结构设计，论述该收发隔离网络主要设计指标。

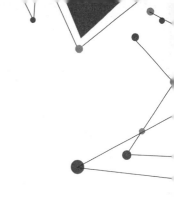

第三章

340GHz 金属线栅极化隔离器
特性研究与设计

目前由于准光学类器件结构与加工选材的研究不足，大大限制了其在高功率高频段微波系统中的应用。为此，本章设计并研制一种新型的适用于 340GHz 的金属线栅极化隔离器，并研究其工作特性。该极化隔离器具有工作频带宽、隔离度高、插入损耗低等优点，器件性能优于传统的收发隔离器件。

第一节　金属线栅极化隔离器电波传播理论

周期性金属线栅结构电波传播特性可以用平行板传输线和波导传输线理论进行解释。平行板传输线理论对应于入射平面波电场极化方向垂直于线栅方向传输情况（此时相邻两线栅可以看平行板传输线），波导传输线理论对应于入射平面波电场极化方向平行于线栅方向传输情况（此时相邻两线栅可以看成波导传输线的两窄边）。

一、入射平面波电场极化方向垂直于线栅方向传播情况

考虑金属线栅结构一个周期可近似为两块相互绝缘、无限长度的金属平行板，作为均匀平面波在媒质中传播的引导如图 3.1 所示。设定此时传输线中为平面波传播，电场和磁场在传播的横向，只传播 TEM 模式。只考虑 TEM 模式传播简化情况，此平行板传输线可使用分布参数的等效电路表示，本节使用麦克斯韦方程描述这一模型。

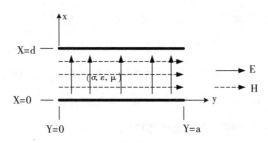

图 3.1　平行板传输线电场和磁场的近似分布

假定该模型为两块完全导体（$\sigma = \beta$）制成的平行板，平行板中间以完全电介质（$\sigma = 0$）填充，该结构可作为无损耗传输线，若两导体板间的距离远小于板的宽度，则在任何瞬间的电场与磁场在板间沿传播方向几乎是均的。考虑图 3.1 所示的平行板传输线，因为导体板是无限延伸，可以预期电磁波在媒质中传播仅沿一个方向，没有反向行波，电场与磁场可用相量表示为：

$$E(z) = E_x e^{-j\beta z} a_x \tag{3-1}$$

或

$$H(z) = H_y e^{-j\beta z} a_y \tag{3-2}$$

$$H(z) = \frac{E_x}{\eta} e^{-j\beta z} a_y \tag{3-3}$$

其中，η 和 β 分别表示无耗媒质的本征阻抗和相位常数。

因为场存在于被两块完全导电板所限制的电介质内，可用边界条件确定完全导体内表面上的电荷与电流，由电通密度的法线分量可确定板上的表面电荷密度；又由于在媒质内的磁场平行于两个导电板，由合适于磁场切向分量的边界条件，得到表面电流密度。经推导，两个导体内表面的面电荷与面电流密度和由他们所限定区域内的电场与磁场在时域的表达式如下：

$$\rho_{s+}(z,t) = \varepsilon E_x \cos(\omega t + \theta - \beta z) \tag{3-4}$$

$$\rho_{s-}(z,t) = -\varepsilon E_x \cos(\omega t + \theta - \beta z) \tag{3-5}$$

$$J_{s+}(z,t) = \frac{E_x}{\eta} \cos(\omega t + \theta - \beta z) a_z \tag{3-6}$$

$$J_{s-}(z,t) = \frac{-E_x}{\eta} \cos(\omega t + \theta - \beta z) a_z \tag{3-7}$$

$$E(z,t) = E_x \cos(\omega t + \theta - \beta z) a_x \tag{3-8}$$

$$H(z,t) = \frac{E_x}{\eta} \cos(\omega t + \theta - \beta z) a_y \tag{3-9}$$

当 $\omega t + \theta = 2n\pi$ 时，ρ_s 和 J_s 随 z 的函数和板之间的 E 和 H 随 z 的函数变换，此处 n=0，1，2，3···。

上述场的表达式对应模型为无损耗平行板传输线，在此基础上本节讨论电磁波透射传播金属线栅结构还需考虑器件应用材料的介电常数、电导率和磁导率等影响，设所用材料介电常数为 ε、损耗角正切为 $\tan\delta$、磁导率为 μ。其中 $\tan\delta$ 与介质电导率之间的关系满足：

$$\tan\delta = \frac{\sigma}{\omega\varepsilon} \tag{3-10}$$

继续分析平行板传输线的电容与电感，令 ρ_l 为在 x=0 处每单位长度的电荷，V 为此板相对于 x=d 处的板的电位，则该传输线每单位长度的电容为：

$$C_l = \frac{\rho_l}{V} \quad\quad (3-11)$$

传输线每单位长度的电荷可经下式获得：

$$\rho_l = \int_0^a \rho_{s+} dy = \int_0^a \varepsilon E_x e^{-j\beta z} dy = \varepsilon E_x a e^{-j\beta z} \quad\quad (3-12)$$

传输线的下板相对于上板的电位为：

$$V = \int_0^d E \cdot dx a_x = E_x e^{-j\beta z} \quad\quad (3-13)$$

用式（3-11）、（3-12）、（3-13）可以得出平行板传输线每单位长度电容量为：

$$C_l = \frac{\varepsilon a}{d} \ F/m \quad\quad (3-14)$$

采用相似方法，也能确定同一平行板传输线每单位长度的电感，线性磁系统中的电感为：

$$L = \frac{\lambda}{I} \quad\quad (3-15)$$

其中，λ 为系统的总磁链，I 为总电流。传输线每单位长度的磁链数为：

$$\lambda_l = \int_0^d \mu d \frac{E_X}{\eta_x} e^{-j\beta z} dx \quad\quad (3-16)$$

传输的总电流为：

$$I = \int_0^a J_s dy = H_y a \quad\quad (3-17)$$

将（3-16）、（3-17）代入（3-15）中，可以得出平行板传输线每单位长度的电感为：

$$L_l = \frac{\mu d}{a} \ H/m \qquad (3\text{--}18)$$

平行板传输线每单位长度的等效电阻为：

$$R_l = \frac{2}{a}\sqrt{\frac{\pi fu}{\sigma}} \qquad (3\text{--}19)$$

而在均匀、线性、各向同性媒质中的无损传输线的电压和电流的变化为：

$$\frac{\partial V(z)}{\partial z} = -j\omega L_l I(z) \qquad (3\text{--}20)$$

$$\frac{\partial I(z)}{\partial z} = -j\omega C_l V(z) \qquad (3\text{--}21)$$

以上两式即为传输线方程，且对于传输线的一段长度上，可得到等效电路，如图 3.2 所示。传输线的特性阻抗 Z_C 定义为波在 +z 方向传播的电压与电流之比，经推导可得：

$$Z_C = \sqrt{\frac{L_l}{C_l}} \qquad (3\text{--}22)$$

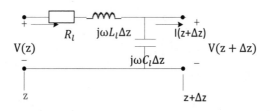

图 3.2 平行板传输线等效电路模型

将式（3–14）、（3–18）代入（3–22），即得到传输线以无界电介质的本征阻抗 η 所表示的特性阻抗为：

$$Z_C = \eta \frac{d}{a} \qquad (3\text{-}23)$$

上式中无损耗传输线的特性阻抗为实数，而在通常情况下，有损耗传输线的特性阻抗为复数。根据等效电路模型，可得到沿线电压和电流的通解，表达式为：

$$V(z) = V^+ e^{-\gamma z}\left[1 + \Gamma(z)\right] \qquad (3\text{-}24)$$

$$I(z) = \frac{V^+ e^{-\gamma z}}{Z_C}\left[1 - \Gamma(z)\right] \qquad (3\text{-}25)$$

式中

$$\Gamma(z) = \frac{V^- e^{\gamma z}}{V^+ e^{-\gamma z}} = \frac{V^-}{V^+} e^{2\gamma z} = \frac{Z_l - Z_c}{Z_l + Z_c} e^{-j2\beta z} \qquad (3\text{-}26)$$

为在传输线上距离为 z 处的反射系数，根据上式推导反射插入损耗为：

$$Ls_r = \frac{\dfrac{\dfrac{2l}{a}\sqrt{\dfrac{\omega\mu}{2\sigma}} + j\omega l \dfrac{\mu d}{a}}{j\omega \dfrac{2l^2}{a}\sqrt{\dfrac{\omega\mu}{2\sigma}} - \omega^2 \mu\varepsilon l^2 + 1} - \sqrt{\dfrac{\mu}{\varepsilon}}}{\dfrac{\dfrac{2l}{a}\sqrt{\dfrac{\omega\mu}{2\sigma}} + j\omega l \dfrac{\mu d}{a}}{j\omega \dfrac{2l^2}{a}\sqrt{\dfrac{\omega\mu}{2\sigma}} - \omega^2 \mu\varepsilon l^2 + 1} + \sqrt{\dfrac{\mu}{\varepsilon}}} \qquad (3\text{-}27)$$

化简可得：

$$Ls_r = \frac{2j\omega d l^2 \sqrt{\dfrac{\mu}{\varepsilon}} + 2al + ad\left(j\omega lu - \sqrt{\dfrac{\mu}{\varepsilon}} + \omega^2 \mu\varepsilon l^2 \sqrt{\dfrac{\mu}{\varepsilon}}\right)}{2j\omega d l^2 \sqrt{\dfrac{\mu}{\varepsilon}} + 2al + ad\left(j\omega lu + \sqrt{\dfrac{\mu}{\varepsilon}} - \omega^2 \mu\varepsilon l^2 \sqrt{\dfrac{\mu}{\varepsilon}}\right)} \qquad (3\text{-}28)$$

最终表达式为：

$$Ls_r = \frac{j\left(-2\omega dl^2\sqrt{\dfrac{\omega\mu}{\varepsilon\sigma}} + ad\omega lu\sqrt{\mu}\right) + 2al\sqrt{\dfrac{\omega}{2\sigma}} - ad\sqrt{\dfrac{1}{\varepsilon}} + ad\omega^2\mu\varepsilon l^2\sqrt{\dfrac{1}{\varepsilon}}}{j\left(-2\omega dl^2\sqrt{\dfrac{\omega\mu}{\varepsilon\sigma}} + ad\omega lu\sqrt{\mu}\right) + 2al\sqrt{\dfrac{\omega}{2\sigma}} + ad\sqrt{\dfrac{1}{\varepsilon}} - ad\omega^2\mu\varepsilon l^2\sqrt{\dfrac{1}{\varepsilon}}}$$

$$(3-29)$$

金属线栅透射损耗可用等效传输线插入损耗表示，即通过输出端和输入端电压比值获得，取传输线长度 $z = l$，即：

$$Ls_t = \frac{V(l)}{V(0)} = \frac{\dfrac{1}{j\omega C_l l}}{R_l l + j\omega L_l l + \dfrac{1}{j\omega C_l l}} \qquad (3-30)$$

将式（3-14）、（3-18）、（3-19）代入上式化简得：

$$Ls_t = \frac{1}{\sqrt{2}j\omega\sqrt{\dfrac{\omega\mu}{\sigma}}\cdot\dfrac{\varepsilon}{d}l^2 - \omega^2\mu\varepsilon l^2 + 1} \qquad (3-31)$$

对透射损耗变形为复数表达式：

$$Ls_t = \frac{1-\omega^2\mu\varepsilon l^2}{\left(1-\omega^2\mu\varepsilon l^2\right)^2 - \left(\dfrac{\sqrt{2}}{d}\sqrt{\dfrac{\omega^3}{\sigma}}\varepsilon l^2\right)^2} - j\frac{\dfrac{\sqrt{2}}{d}\sqrt{\dfrac{\omega^3}{\sigma}}\varepsilon l^2}{\left(1-\omega^2\mu\varepsilon l^2\right)^2 - \left(\dfrac{\sqrt{2}}{d}\sqrt{\dfrac{\omega^3}{\sigma}}\varepsilon l^2\right)^2}$$

$$(3-32)$$

金属线栅插入损耗由反射损耗 Ls_r 和透射损耗 Ls_t 共同组成，即：

$$Ls = Ls_r + Ls_t \qquad (3-33)$$

分析式（3-31）和式（3-32）可得，插入损耗由参数 ε、μ、

σ、a、d 和 l 共同影响。结合本文收发隔离网络设计指标，其中令工作频率为 f_0=340GHz、$\mu=\mu_0$，相对介电常数 ε_r 取值区间为 1~12，金属线栅间距 d 取值区间为 10~110μm，损耗角正切取值区间为 10^{-4}~10^{-8}，l 取值区间为 0.1mm~0.5mm；通过以上各参数在合适区间取值，使用工具 matlab 计算获得插入损耗与参数变化关系曲线如图 3.3 所示。分析关系曲线可知，插入损耗随着金属线栅间距增大逐渐减小；随着电介质介电常数增大、损耗角正切增大、介质厚度增大而逐渐增大。

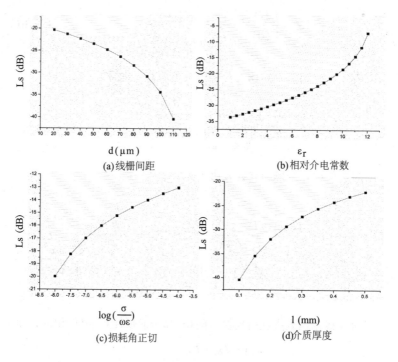

图 3.3　金属线栅各参数与插入损耗关系曲线

二、入射平面波电场极化方向平行于线栅方向的传播情况

该传播情况对应波导传输线理论进行分析。此时相邻两金属线栅可以看成波导传输线的两窄边，如图 3.4 所示，矩形波导中入射波电场极化方向与传输线两窄边平行。

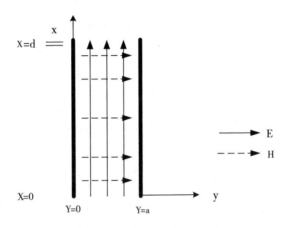

图 3.4　波导传输线中场的近似分布

该波导传播特性参数的截止波长为：

$$\lambda_c = \cfrac{2\pi}{\sqrt{\left(\cfrac{m\pi}{a}\right)^2 + \left(\cfrac{n\pi}{b}\right)^2}} \qquad (3-34)$$

图 3.4 中波导内能出现的最长截止波长为 2a，故当 $\lambda < 2a$ 时，电磁波才可以满足在波导中传播，换句话说，为了在电场极化方向与金属线栅平行时，保证极化隔离器工作在全反射状态，必须控制工作带宽内波长大于截止波长，使得电磁波不能向正 z 方向传播。而本节设计太赫兹极化隔离器应用于 340GHz，对于自由空间传播电

磁波，此时 $\lambda_0 = 0.88mm$，工作状态下必须满足：

$$\lambda_0 = 880 \ \mu m > 2a \qquad (3\text{--}35)$$

可得：

$$a < 440um \qquad (3\text{--}36)$$

考虑金属线栅极化隔离器结构中，金属线栅加工在介质基底表面，电磁波传播路径不再为自由空间，设相对介电常数为 ε_r，此时波长满足：

$$\lambda_r = \frac{1}{\sqrt{\varepsilon_r}}\lambda_0 \qquad (3\text{--}37)$$

以红外石英玻璃基底为例，取 $\varepsilon_r = 3.7$，由式（3–35）和（3–37）计算可得：

$$a < 228\mu m \qquad (3\text{--}38)$$

图 3.4 中，由于此时 a 的取值与电磁波极化方向垂直，即对应为两平行金属线栅的间距，故参数设计中线栅间距应小于 $228\mu m$，入射水平线极化波才能实现工作在截止区，并呈现反射特性。

三、小结

通过上述两种情况的传输线理论分析，可以得到 340GHz 太赫兹波在金属线栅结构中的传播特性：当电场极化方向与金属线栅方向垂直时，电磁波传播呈现透射性，此时插入损耗由反射插入损耗和透射插入损耗共同组成，对插入损耗的主要影响参数包括金属线栅间距、电磁波传播介质的介电常数、损耗角正切和厚度等，其变化规律为：插入损耗随着金属线栅间距增大逐渐减小；随着电介质介电常数增大、损耗角正切增大、金属线栅厚度增大而逐渐增大。当电场极化方向与金属线栅方向平行时，需要控制金属线栅间距，以保证器件中心频率处于工作截止区，此时电磁波实现反射传播。

综上所述，进行器件参数选择时，相对介电常数应越低越好，当 ε_r 接近 1 时，插入损耗最低，可达 -35dB；损耗角正切选择低于 10^{-4} 量级，此时插入损耗可控制小于 -12dB；另外，金属线栅间距与介电常数选择相关，初步计算当线栅间距控制在几十 μm 至 200μm 时，插入损耗可处于理想区间；而金属线栅极化隔离器介质基底厚度应越小越好，尽量控制小于 0.5mm，此时插入损耗约为 -22dB。

第二节　结构设计和基底材料选择

电波传播理论分析中通过分析器件性能与结构参数的关系曲线已经获得初步设计方案，实际应用中金属线栅周期阵列尺寸有限，金属结构和基底介质对性能影响需要进一步分析；且后期搭建收发隔离网络时，电磁波以斜 45° 入射，为建立精确计算模型，减小设计误差，本节拟用全波仿真的数值计算方法，使用三维电磁仿真软件 ANSOFT 公司的 HFSS 进行仿真计算，分析器件工作性能。HFSS 软件主要基于矩量法结合快速多极子方法，采用高阶曲面三角形网格剖分。

本节设计金属线栅极化隔离器采用在合适的非金属介质基底材料表面加工周期性金属线栅的结构，该设计方案具有如下优势：金属线栅的入射窗口与工作带宽较大（其入射窗口通常大于 60°）；金属线栅易与其他器件集成加工，集成度较高，满足太赫兹器件小型化要求；随着微加工工艺技术不断发展，金属线栅的制作水平与精度大大提高，工艺成熟，成本较低；该结构能量损耗率较低，主要被基底材料透过率影响，和其他光学偏振器件相比，介质基底材料选择范围更广。

为方便分析，假设所用金属线栅为理想金属导体，金属厚度影响暂不考虑，在前文金属线栅电磁波传播理论分析基础上，对金属线栅宽度和周期关键参数变量在可选尺寸范围进行遍历计算，考察插入损耗和极化隔离度等工作指标；另由于极化隔离器性能受非金属介质基底影响较大，且加工过程有高温处理环节，不宜使用耐高温性差的材料，故本节还需结合不同介质基底电磁参数和物理属性综合考虑，提出最佳设计方案。

一、结构设计

为方便下文描述和分析极化隔离器仿真过程，结合电磁波传播，简要介绍极化隔离器在收发隔离网络中的工作状态，并对插入损耗及隔离度等设计指标的物理意义进行定义。金属线栅极化隔离器工作原理如图3.5所示，发射天线入射线极化波 E_T 偏离法线45°入射于极化隔离器，该入射波线极化方向与金属线栅排列方向相互垂直，此时电磁波大部分功率透射该器件继续向前传播，透射波记为 E_{TT}，反射波记为 E_{TR}，散射波记为 E_{TS}；当电磁波经目标反射后信号接收时，此时回波 E_R 仍然是线极化波，极化方向与发射波正交，E_R 偏离法线45°回射在极化隔离器另一面，此时线极化方向和金属线栅排列方向相互平行，实现大部分功率反射传播，该反射波 E_{RR} 直接被接收天线接收，透射回发射天线方向为 E_{RT}。插入损耗定义为信号经过极化隔离器前发射波 E_T 与 E_{TT} 前向传播的透射波二者的比值；隔离度定义为信号经过极化隔离器前发射波 E_T 与进入90°接收通道的散射波 E_{TS} 二者的比值。当插入损耗非常小，同时隔离度非常高时，表明该极化隔离器工作性能较好。

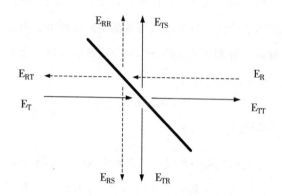

图3.5 极化隔离器结构及工作原理示意图

（实线和虚线分别为发射和接收回路电磁波传播方向）

需要注意，此时 E_{TR} 作为发射端直接反射的电磁波，为了避免该干扰波功率过大对器件工作产生影响，需在此方向设置吸收边界对其进行排除；E_{RT} 是目标回波 E_R 再次透射后进入发射天线的干扰噪声，由于此时目标回波功率已经很小，故该干扰波功率对发射通道影响基本可忽略不计。

本节首先对无介质基底的极化隔离器结构进行仿真，分析收发隔离效果。此时暂不考虑介质基底对电磁波传播的干扰，减少介质基底网格剖分，减少仿真运算量。设定 340GHz 工作频率时，通过以下两个步骤进行分析：

1. 线栅宽度保持固定，在一定范围内改变金属线栅周期，分析此时对器件性能的影响趋势。

2. 确定极化隔离器性能随线栅周期变化规律后，再对金属线栅宽度进行讨论，最终确定此工作频率极化隔离器结构参数。

根据以上步骤，首先设定金属线栅宽度为 5μm，然后分析金属线栅周期为 20μm~100μm、步进为 10μm 的 9 种情况的极化隔离器效果。原始天线方向图如前文图 2.7 所示，本节采用 Ansoft—HFSS 软件对参数变化时该器件电磁场散射性能变化规律进行仿真，考虑到天线近区辐射场的作用，将天线与极化隔离器作为一体化模型，如图 3.6 所示。

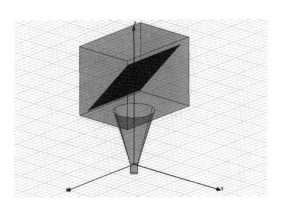

图 3.6　理想真空状态下极化隔离器仿真模型

仿真处理结果如图 3.7~3.8 所示。分析图 3.7 可知，在 20μm~100μm 线栅周期范围内，极化隔离度均大于 30dB，当线栅周期为 20μm 时，极化隔离度最小；随着线栅周期变大极化隔离度逐渐递增，周期为 50μm~70μm 时隔离度略有波动，最后随着线栅周期增大隔离度值再次上升趋于稳定。可见当线栅周期较小时，较密的金属导体会对线极化波直线传播产生影响，部分电磁波功率散射至 90° 传播方向。

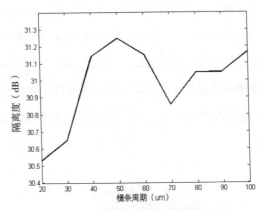

图 3.7 不同金属线栅周期的隔离度

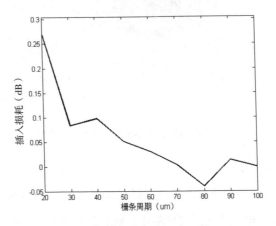

图 3.8 不同金属线栅周期的插入损耗

分析图 3.8 可知，当金属线栅为 $20\mu m$ 时，插入损耗最大值接近 0.3dB，随着金属线栅周期变大，透射率增大，插入损耗缓慢下降。可以预见的是，当线栅周期越来越小，线栅排列越来越密，电磁波透射传播效率会非常小，直至无法透射传播；当线栅周期越来越大，线栅排列越来越疏，极限情况近似认为自由空间传播状态，电磁波直线传播没有影响。且由于金属线宽和周期符合理论计算要求，因此在周期参数设置范围内，插入损耗总体较小，验证了金属线栅结构基本工作原理。需要单独指出，当金属线栅周期为 $80\mu m$ 时，插入损耗仿真结果呈现负值，表明此时线栅对电磁波能量传播有汇聚效果，后期实验数据也证明了此效果，因此，综合考虑不同线栅周期极化隔离器隔离度和插入损耗设计指标要求，金属线栅周期宜取 $80\mu m\sim100\mu m$。

在金属线栅周期的变化规律基础上，继续研究金属线宽的影响。通过上文分析，微观意义上，$5\mu m$ 线宽的金属线栅可认为电磁波传播障碍物，为了保证更高的透射率和更大的隔离度，在相同的金属线栅周期条件下，希望金属线栅宽度在一定范围内越小越好。为了减轻仿真运算量，对金属线栅周期为 $20\mu m$、$80\mu m$、$100\mu m$ 三种情况时不同金属线栅宽度进行分析，宽度变量设定为 $5\mu m$、$3\mu m$、$1\mu m$ 三种情况，仿真结果如表 3.1 所示。表中数据再次验证了理想状态下当金属线栅宽度保持固定时，极化隔离器性能随线栅周期的变化规律。

比较相同金属线栅周期时，当金属线栅宽度为 $5\mu m$、$3\mu m$、$1\mu m$ 三种情况，隔离度均处于 30dB 以上，变动幅度接近 1dB 范围内；分析插入损耗，三种情况相差很小，约 0.1dB；分析反射损耗，三种尺寸的隔离器反射损耗基本持平，差别小于 0.1dB。结果证明，对340GHz太赫兹波波长而言，微米量级的变动范围，对电磁波传播特性影响不大。后期使用光刻技术对金属线栅进行加工，考虑加工工艺精度问题，最终选取金属线栅宽度为 5μm、线栅周期为 80μm，占空比约为 1 : 16。

表 3.1　不同金属线栅宽度与周期变化结合仿真结果

栅条宽度 （μm）	线栅周期 （μm）	透射波 （dB）	散射波 （dB）	反射波 （dB）	隔离度 （dB）	插入损耗 （dB）	反射损耗 （dB）
5	20	19.3469	−11.1836	19.8491	30.5305	0.2697	−0.2325
5	80	19.6572	−11.388	20.1213	31.0452	−0.0406	−0.5047
5	100	19.6183	−11.5466	20.1571	31.1649	−0.0017	−0.5405
3	20	19.25	−11.7109	19.8683	30.9609	0.3666	−0.2517
3	80	19.5666	−12.0574	20.0807	31.624	0.05	−0.4641
3	100	19.6057	−11.4363	20.1209	31.042	0.0109	−0.5043
1	20	19.27	−11.6501	19.7998	30.9201	0.3466	−0.1832
1	80	19.5624	−12.2324	20.2176	31.7948	0.0542	−0.601
1	100	19.6018	−11.3562	20.1335	30.958	0.0148	−0.5169

篇幅所限，本节给出理想状态下上述结构参数的极化隔离器仿真计算结果如图 3.9~3.10 所示。图 3.9 中标注 m1、m2、m3 三个点，结合工作原理图分别描述其物理意义如下：m1 表示透射波（图 3.5 中的 E_{TT}），为有效波，与原始方向图比较可知，该器件透射性能较好；m2 表示散射波（图 3.5 中的 E_{TS}），为干扰波；m3 表示反射波（图 3.5 中的 E_{TR}），也为干扰波，值约为 −12dB，组成收发隔离网络时，对应的方向布置吸波材料，不影响器件性能。同理，图 3.10 中标注 m1、m2、m3 三个点，物理意义分别描述如下：m1 表示反射波（图 3.5 中的 E_{RR}），为有效波；m2 表示透射波（图 3.5 中的 E_{RT}）；m3 表示散射波（图 3.5 中的 E_{RS}），m2 和 m3 为干扰波。通过与原始

方向图比较可知，回波 E_R 大部分能量经过反射传播变成 E_{RR} 进入接收机方向，其他方向干扰波较小。综上所述，金属线栅阵列结构的极化隔离器能够对垂直极化入射波呈现透射，对水平极化入射波呈现反射，实现对正交极化波的分离，且满足插入损耗小于 1dB、隔离度大于 30dB 的单元器件设计要求。

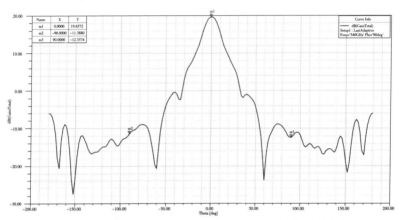

图 3.9　金属线栅宽度为 5μm、周期为 80μm 垂直极化波仿真结果

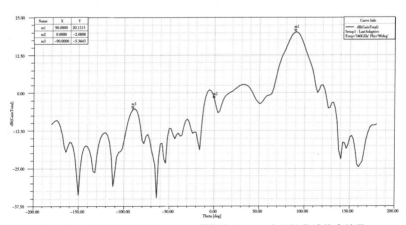

图 3.10　金属线栅宽度为 5μm、周期为 80μm 水平极化波仿真结果

二、基底材料选择

经调研，目前有可能用作太赫兹频段制作金属线栅极化隔离器的基底材料有聚酯薄膜、聚四氟乙烯、石英玻璃（红外石英玻璃）、高阻硅等材料。它们电磁特性参数如下：

1. 聚酯薄膜：介电常数：4.7，介质损耗角正切：2.44×10^{-8}。

2. 聚四氟乙烯：介电常数 $1.8 \sim 2.2$，介质损耗角正切 2.5×10^{-4}。

3. 石英玻璃：介电常数 $3.7 \sim 3.9$，介质损耗角正切 1×10^{-4}。

4. 高阻硅：介电常数 11.9，电阻率 $4000\Omega \cdot cm$。

需要指出，以上介质材料中光学石英玻璃分为 JGS1、JGS2、JGS3 三个种类，分别代表远紫外光学石英玻璃、紫外光学石英玻璃和红外光学石英玻璃，三者电参数基本一致。参考光学应用原理，随着波长的变化，不同种类石英玻璃对不同波长的光平均透过率将发生变化，其中红外线在频谱上更接近于太赫兹波，故本节选择应用红外石英玻璃，后续仿真计算和样品测试验证了实际效果；另外对近来太赫兹频段使用较多的高阻硅进行分析时，所使用的电参数是根据文献中使用高阻硅做成的器件测量得到的数值，该值仅作为初步参考，实际电参数值仍需通过专门实验进行测试。

（一）聚酯薄膜基底材料

聚酯薄膜（PET）原料为聚对苯二甲酸乙二醇酯，首先采用挤出法制成厚片，然后通过双向拉伸加工成薄膜材料。它无色透明、性能优良，韧性、刚性和硬度高，可耐摩擦，耐穿刺，耐油性，耐化学药品性，气密性及保鲜性良好，是一种常用的阻透性复合薄膜基材。

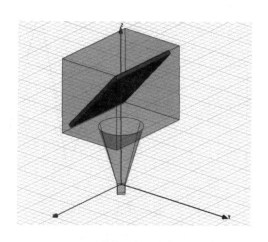

图 3.11　聚酯薄膜基底材料极化隔离器仿真模型

　　与前面章节对理想状态极化隔离器的研究方法类似，设置仿真模型基底为聚酯薄膜材料，若基底厚度太大将会带来更大的电磁波传播损耗，厚度太小则会使工艺难度加大，且不利于保证加工精度，故设置基底厚度为 0.3mm，结合聚酯薄膜各项电参数，仿真模型如图 3.11 所示，中心频率 340GHz，金属线栅宽度 5μm，线栅周期为 20μm 至 100μm，步进 10μm 的 9 种情况进行仿真运算，重点考察该基底材料对隔离度和插入损耗的影响，仿真结果如图 3.12 和图 3.13 所示。

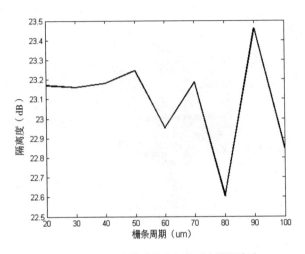

图 3.12　聚酯薄膜基底极化隔离器隔离度

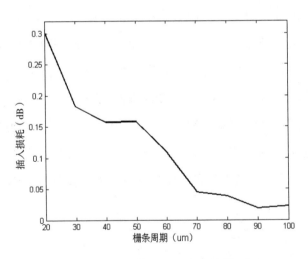

图 3.13　聚酯薄膜基底极化隔离器插入损耗

分析仿真结果图可知，当选用聚酯薄膜作为极化隔离器基底材料时，线栅周期变化范围内隔离度在 22.5dB~23.5dB 内，当线栅周期为 80μm 时隔离度取最小值，约为 22.6dB；当金属线栅周期为 90μm 时，得到隔离度最大值，约为 23.5dB；插入损耗随着线栅周期变大而单调减小，当线栅周期为 70~100μm 时，插入损耗维持小于 0.05dB。

（二）聚四氟乙烯基底材料

聚四氟乙烯，英文缩写为 PTFE，它是四氟乙烯的聚合物，其机械硬度较软，具有众多优良的综合性能：耐低温——在零下 100 度时仍然柔软；耐高温——长期使用温度高达 250 度；高润滑——其摩擦系数（0.04）在塑料中最低；耐腐蚀——能耐王水和一切有机溶剂；耐气候——其老化寿命在塑料中最长；不黏性——其表面张力在固体材料中最小且不黏附其他物质；无毒害——具有生理惰性；电气性能优——达到 C 级绝缘材料。

聚四氟乙烯材料在原子能、电力机械、石油、化学工业、国防军工、无线电等重要领域得到了广泛运用。它在较宽的频段内介电常数和介电损耗非常低，而且具有较高的体积电阻率、击穿电压和耐电弧性。与前面章节研究方法类似，仿真计算时模型基底设置聚四氟乙烯，其他参数与 PET 设置一致，重点考察基底材料对隔离度和插入损耗的影响，仿真结果如图 3.14 和图 3.15 所示。

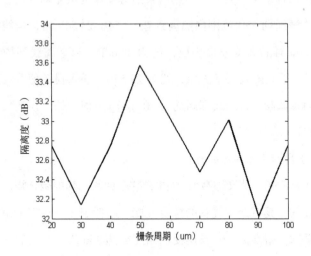

图 3.14　聚四氟乙烯基底极化隔离器隔离度

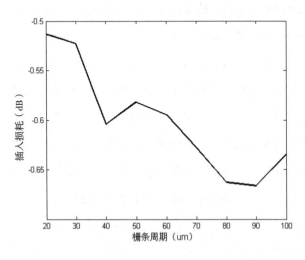

图 3.15　聚四氟乙烯基底极化隔离器插入损耗

　　分析结果图可知，当选用聚四氟乙烯作为极化隔离器基底材料时，线栅周期变化范围内隔离度在32dB~33.6dB内，当金属线栅周期为50μm和80μm，隔离度出现两个峰值，分别为33.6dB和33dB；插入损耗计算均为负值（因使得天线最大辐射方向辐射场得到增强所致），当周期为80μm时透射波比不添加隔离器约大0.65dB，且该介质基底隔离器隔离度和插入损耗均好于聚酯薄膜基底隔离器性能。

　　在样品制作过程中，为了实现器件小型化、集成化要求，使用聚四氟乙烯或聚酯薄膜材料制作厚度0.3mm、直径50mm圆片基底时，难以解决硬度偏软、刚度低、表面平整度低等问题，且在光刻加工工艺中二者的耐高温性差，容易产生形变，影响金属线栅加工精度，导致极化隔离器性能变差。

（三）红外石英玻璃基底材料

　　红外石英玻璃应用波段一般在260~3500nm，加工原料多采用高纯度石英砂或水晶，通过真空加压炉制作，目前国外研究成果有一种宽波段光学石英玻璃，应用波段可达到180nm~4000nm，对等离子在无H_2无水状态应用化学相沉积法制作。与普通石英玻璃相比，红外石英玻璃具有相近电参数，但从光学角度分析，它有利于透过波长更长的红外线，本文研究对象为340GHz电磁波，与红外线波段部分相近，故考虑使用红外石英玻璃作为基底材料。

　　目前对红外石英玻璃大多应用于光学频段，太赫兹频段应用相对较少，本文首次尝试将红外石英玻璃基底应用于太赫兹频段，经仿真和实验验证，该器件具有不错的工作性能。改变仿真模型设置红外石英玻璃基底材料，其他参数与 PET 设置一致，重点考察基底材料对隔离度和插入损耗的影响，仿真结果如图 3.16 和图 3.17 所示。

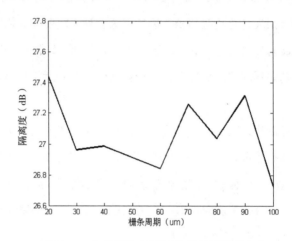

图 3.16　红外石英玻璃基底极化隔离器隔离度

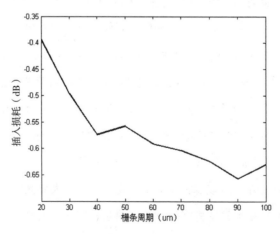

图 3.17　红外石英玻璃基底极化隔离器插入损耗

分析结果图可知，当选用红外石英玻璃作为极化隔离器基底材料时，线栅周期变化范围内隔离度在26.6dB~27.6dB内，金属线栅周期为70μm~90μm时，隔离度较高，约大于27dB；周期可选范围内插入损耗单调递减，且结果为负值（因使得天线最大辐射方向辐射场得到增强所致），当周期为80μm时透射波比不添加隔离器约大0.6dB。

（四）高阻硅基底材料

高阻硅作为近年来热门研究的材料，在太赫兹（THz）系统和器件研究中具有巨大的应用前景。光子晶体的研究、室温下工作的硅发光二极管的研发，以及美国加利福尼亚大学的第一个硅激光器的研发成功，为以高阻硅作为衬底的THz光子器件奠定了基础。与前面章节研究方法类似，改变仿真模型设置高阻硅基底材料，其他参数与PET设置一致，重点考察基底材料对隔离度和插入损耗的影响，如图3.18和图3.19所示。

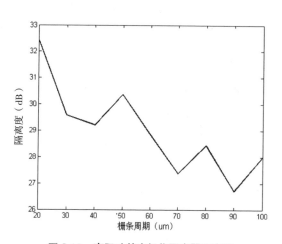

图3.18　高阻硅基底极化隔离器隔离度

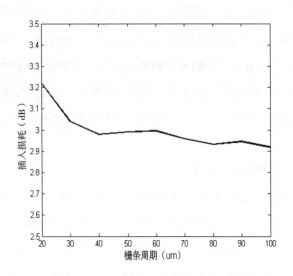

图 3.19　高阻硅基底极化隔离器插入损耗

　　分析结果图可知，当选用高阻硅作为极化隔离器基底材料时，隔离度性能表现较好，维持约 27dB 以上，整体范围内，隔离度随着线栅周期变大而降低；但在整个线栅周期范围内插入损耗较大，大部分区间维持在 3dB 左右，可以得出该基底器件能提供较好的隔离度，但插入损耗远大于另外几个备选基底材料，对器件性能影响较大，该频率插入损耗性能与文献查阅结果较符合。

第三节 小结

本章研究了金属线栅阵列结构的电波传播理论，结合电磁波在器件中的传播状态，分析极化隔离器工作特性，即能够对垂直极化入射波呈现透射，对水平极化入射波呈现反射，实现正交极化波的分离，提供较高的收发隔离；然后研究极化隔离器介电常数、损耗角正切、金属线栅间距、厚度与插入损耗之间的变化关系：插入损耗随着金属线栅间距增大逐渐减小；随着电介质介电常数增大、损耗角正切增大、金属线栅厚度增大而逐渐增大。然后使用 Ansoft——HFSS 采用全波仿真的数值计算方法分别对无基底状态下极化隔离器和几种常见基底材料的极化隔离器在 340GHz 电磁波入射的电磁性能进行仿真计算，重点分析极化隔离器金属线栅周期、宽度与隔离度、插入损耗之间的变化关系，优化结构参数，分析工作性能，确定设计方案：当采用红外石英玻璃基底，金属线栅宽度为 5μm、周期为 80μm 时，极化隔离器性能较优，同时满足插入损耗较低、隔离度较高、小型化、方便加工等要求。

第四章

340GHz 反射型极化变换器
特性研究与设计

本章基于金属线栅分离正交极化电磁波原理,设计并研制340GHz反射型极化变换器,通过增加全金属层反射面形成双层反射结构,分别对线极化入射波不同正交分量产生反射,两正交极化分量通过不同反射路径的方法满足相位相差90°,且保持幅度相等,从而实现电磁波线/圆极化方式的双向转换。

第一节 圆极化波基本理论

一、圆极化波特性

时谐电磁场中空间某一固定点的电场 E 随着时间进行简谐运动。此时电磁波极化定义为,固定点电场矢量的运动端点根据时间运动的轨迹在与波矢量 K 垂直的平面上的投影。如果其端点运动路径是一根直线,即为线极化波。如果电场矢量末端点运动路径是一个圆,此时即为圆极化波。圆极化波重要性质有:

1.圆极化波是瞬时旋转场且振幅相等。根据电场矢量端点的旋向不同分为两类:右旋圆极化波 RCP(Right. hand Circular Polarization)和左旋圆极化波 LCP(Left. hand Circular Polarization)。

2.圆极化波可分解为两个幅度相等、相互正交的线极化波。基于此性质能够确定生成圆极化波的原理:生成两个线极化波,其电场分量空间上互相垂直,同时保证二者幅度一致,相位相差90°。

3.同理,线极化波也可分解成两个幅度一致但旋向相反的圆极化波。由此可知圆极化天线能够接收任何极化方式的来波;反之,任何极化方式的天线都能接受圆极化天线辐射的圆极化波。这也正是圆极化波普遍应用在电子干扰和侦察以及卫星通信等方面的原因。

4.圆极化天线具有旋向正交性，若天线辐射圆极化波旋向为左旋，则其接收圆极化波时只对左旋圆极化波有效，对右旋圆极化波无效；反之，若天线辐射圆极化波旋向为右旋，则接收时只对右旋圆极化波有效。此特性即为收发天线的互易定理，在电子对抗和通信应用中大量运用这一定理。

5.圆极化波照射目标为对称目标时（球面、平面等），其反射圆极化波产生逆向改变，即右旋圆极化波变为左旋圆极化波，左旋圆极化波变为右旋圆极化波。由于水滴形状与球形相近，对圆极化波反射后遵循该性质改变旋向，故圆极化天线可抗雨雾干扰。

圆极化波具有上述特性，因此在雷达、电子干扰和侦察、通信和测量等各方面得到广泛应用，对圆极化波相关器件进行研究具有重要意义。

二、圆极化波的产生

随着圆极化波应用越来越广泛，如何生成圆极化波逐渐成为一个重要的研究课题，实现圆极化波的方法也快速发展，目前常见的圆极化波生成方法有：

1.直接产生法：这种方法是利用天线自身的结构直接生成圆极化波，如圆极化微带天线。

2.双线极化正交激励法：由一个线极化信号通过90°电桥后，分解为两个相位相差90°且振幅一致的信号，再用于对一个双线极化天线的两个正交极化的输入端分别激励，进而实现圆极化波的辐射。

3.线 / 圆极化变换器：这种方法通过改变线极化天线的辐射结构，对天线增加极化变换器，可将线极化波转换为圆极化波。本节即是采用此种方法。

三、线/圆极化变换器综述

如上所述，线 / 圆极化变换器是用于满足线极化波与圆极化波相互转换的微波器件，它的工作原理是利用空间上相互垂直的两个线极化波，其电场分量幅度一致、相位相差 90°，合成输出圆极化波。

实现线 / 圆极化变换器的方式主要包括两种：一种通过对天线与馈线间插入不连续性结构来进行极化转换，这种方式的极化变换器输入端口通常为两个或多个，同时输入两个正交的线极化波，其幅度一致、相位相差 90°，即可得到输出圆极化波。这种极化变换器相对简单，通常采用隔片式，即用隔片对输入端等分为两个输入口。另一种是外部极化变换器，直接对天线的方向图产生影响，与馈电网络完全无关。本节设计并研制的反射型和透射型极化变换器即属于此类方式。已有应用的微波频段极化变换器包括以下三类结构。

1. 45° 金属线栅结构极化变换器。

该极化变换器结构如图 4.1 所示，该多层器件由电阻性网格和偶极子调谐器栅格组成，两者间隔距离为 1/4 λ，其中电阻性网格周期由薄金属条排列组成，薄金属条间隔缝隙处焊接一个合适电阻值的电阻；偶极子调谐器栅格中，在间隔缝隙间焊接一个合适电容值的电容元件，每层偶极子网格都是一组偶极子的排列。它们的排列方向与垂直极化入射平面波成 45°。对于水平线极化波来说，偶极子调谐器栅格可以看作对设计频率的短传输线，由于两种栅格结构间隔 1/4 λ，所以短传输线可以认为在电阻性网格平面上是开路的，故电阻性网格板可以匹配自由空间 377Ω 的阻抗，从而减小水平线极化波的传输和反射损耗。文献 [51] 中设计使用的 45° 金属线栅结构极化变换器工作性能良好，在 8.4GHz 频率下使用四层栅格板，其线极化波转换为圆极化波轴比为 1.3dB，插入损耗为 1.1dB，并且在 8% 带宽内轴比均小于 1.3dB。

该结构极化变换器在低频段器件中应用较多，当工作频率为太赫兹时，金属条和偶极子间隙缝中焊接电阻和电容元件不易实现，且多层结构间间距 1/4 λ 随着波长变短，加工精度不易控制，相位变换影响较大，不能保证太赫兹频段工作性能。

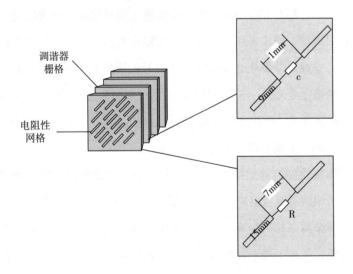

图 4.1 极化变换器结构示意图

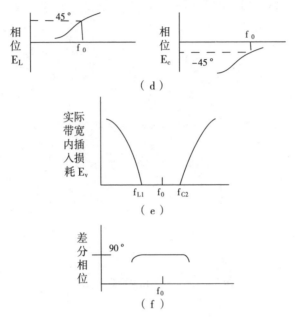

图 4.3　弯折线极化变换器工作原理

弯折线极化变换器的结构图与工作原理如图 4.2 和 4.3 所示。图中入射电场分解为 ±45° 方向上两个幅度相等、相位相同的分量,当电磁波入射通过极化变换器,其中一个分量经过极化变换器类似于经过一个宽频带分流电感滤波器结构,另一个正交分量经过极化变换器类似于经过一个宽频带分流电容滤波器结构。所以其中一个分量相位提前 45°,另一个正交分量相位延迟 45°,这种现象在中心频率邻近的相同频段发生。这种相位偏移和基底材料的 1/4 λ 厚度相关联,在一定程度上会引起电感滤波器的通带发生小的上偏,而电容滤波器的通带会发生小的下偏,从而导致实际带宽减小,图 4.3（e）中 f_{L1} 到 f_{C2} 为实际工作带宽。在实际带宽内,因为滤波器的相移斜率几乎一致，所以两个电场分量的相位差正好仍然接近 90°，从而生成圆极化波。与 45° 金属线栅结构极化变换器问题相似，要使用弯折线结构在太赫兹频段器件尺寸内，精确计算要求的等效电容和电感不易实现，且该结构极化变换器实际工作带宽较窄，不利于发挥太赫兹波通信频带宽、容量大的优势。

3. 多层华夫结构极化变换器。

华夫结构极化变换器内部结构和入射电场矢量方向如图 4.4 所示，该极化变换器由多层结构平行放置组成，每层基底间距为 $n\lambda/4$（n 为奇数）；入射场 E_{inc} 和金属带成 45° 方向入射，可分解成两个正交电场矢量 $E_\perp$ 与 $E_{//}$，其等效传输线模型如图 4.5 所示，电纳的取值是关键参数。器件工作原理为华夫结构中周期排列的金属长条和方形金属块能够提供等效的电容、电感值，不同的电容与电感可使两个电场分量 $E_\perp$ 与 $E_{//}$ 在经过极化变换器时发生不同的相位延迟，完成极化变换；可应用经验公式或直接用矩量法对金属单元结构尺寸进行计算，得到等效电容电感值，间接调整极化变换器工作中心频率，后文将对该结构极化变换器做进一步分析。

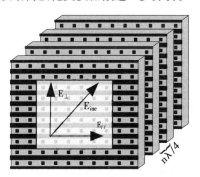

图 4.4　华夫结构变换器

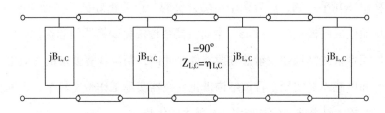

图 4.5　$E_{\perp}$ 和 $E_{/\!/}$ 极化方向等效传输线电路模型

第二节　反射型极化变换器基本工作原理

在前文收发隔离网络设计方案中，极化变换器作为其中一个关键单元器件，主要实现线极化波与圆极化波的双向转换功能，它在收发隔离网络中基本工作原理描述如下：当发射线极化波经反射型极化变换器反射后，生成圆极化波；照射至目标体后，生成回波为逆向圆极化波，该逆向圆极化回波再次经极化变换器反射，重新生成线极化波，此时线极化波极化方向将产生正交变化（即与发射线极化波极化方向相互垂直），从而在极化隔离器处呈现反射传播，实现收发隔离的要求，同时满足信号传输路径中，插入损耗保持非常低。

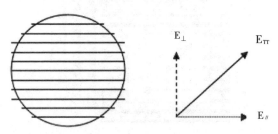

图 4.6　线栅结构和发射波极化方向对比示意图

该反射型极化变换器线栅结构和入射波极化方向对比示意图如图 4.6 所示，该极化变换器应用与极化隔离器相似的金属线栅结构，正面仍然使用金属线栅结构，背面覆盖金属层增加第二层反射面（厚度约为 0.5μm）。为便于描述，结合前文收发隔离网络原理图，假设入射极化变换器太赫兹波为线极化波 E_{TT}，设置其极化方向和极化变换器的金属线栅成 45° 角摆放（如图 4.1 所示）。显然，E_{TT} 可分解为 $E_\perp$ 和 $E_{//}$ 两个正交分量，其中 $E_\perp$ 极化方向与金属线栅垂直，$E_{//}$ 极化方向与金属线栅平行。通过上章对金属线栅极化隔离器工作原理分析可知，正交分量 $E_\perp$ 对金属线栅面呈现透射性能，可直接透射至背面全金属层上，如图 4.7 所示，在全金属层被反射后，再次透射穿过金属线栅层。正交分量 $E_{//}$ 极化方向与金属线栅平行，对金属线栅面呈现反射性能，故在第一层金属线栅处直接被反射。

如图 4.7 所示，极化变换器对于线极化入射波两个正交分量存在两层反射面，两反射面间隔距离为 d，因此两个正交分量 $E_\perp$ 和 $E_{//}$ 存在传播路径差，由此产生 90° 相位差，当两个正交分量幅度相等的情况下，反射后的合成波即为圆极化波。反之，使用相同理论，当目标反射的逆向圆极化波通过反射型极化变换器后，重新生成正交方向的线极化波。

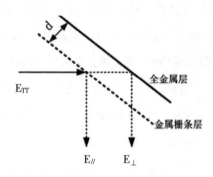

图 4.7 极化变换器工作原理图

综上所述，该反射型极化变换器能够满足电磁波极化方式的双向转换，极化变换器需要严格控制两层反射面间介质基底厚度，该厚度取值 d 与波长相关，进而影响中心频率和工作带宽，后文将进行详细分析和计算。

第三节 反射型极化变换器设计

一、介质基底厚度计算

根据前面章节原理分析可知，反射型极化变换器必须满足两个正交线极化波分量相位差为90°，该相位差是由金属线栅反射面和全金属板反射面二者间距离 d 形成，经推导，无介质基底状态，当相位相差90° 时，双层反射面间距 d 与波长 λ 需满足如下关系：

$$d = \frac{(2n-1)\lambda}{4\sqrt{2}} \qquad (4\text{--}11)$$

式中 n 为自然数（n=1，2，3…），λ 为入射波波长。当金属线栅和全金属板之间填充电介质材料时，式4-11变形为：

$$d = \frac{(2n-1)\lambda}{4\sqrt{2}(2\varepsilon_r - 1)} \qquad (4\text{--}12)$$

其中，ε_r 是相对介电常数。

本节设计收发隔离网络应用场景工作中心频率为340GHz，取 λ=0.8823mm，分别考虑无填充介质和填充介质材料时双层反射面间距 d 的计算结果。

1.无填充介质状态下，双层反射面间真空状态，无须考虑介质基底引起的损耗，此时相对介电常数为 $\varepsilon_r = 1$，通过式（4-11）计算双层反射面间距，当 n=1 时，可得 d 约为 0.1559mm。

2. 填充介质材料时，参考前面章节对金属线栅极化隔离器介质基底研究结论，使用红外石英玻璃透射率较高，对太赫兹波传播影响较小，此时取相对介电常数为 $\varepsilon_r = 3.7$，当 n=1 时，计算可得 d 约为 0.0467mm。

当使用红外石英玻璃作为介质基底时，还需考虑加工厚度及精度，若厚度太薄，不利于加工，且支撑硬度不够，器件损坏率增大；若厚度太大，介质基底对电磁波传播损耗将增加，应该尽量避免，故 d 的取值应兼顾红外石英玻璃基板规格和加工成品率综合选择。

本节分别对以上两种情况极化变换器进行全波仿真的数值计算仿真，使用三维电磁仿真软件 ANSOFT 公司的 HFSS 进行仿真计算，优化结构参数，分析线极化波两正交分量相位差和幅度差，研究极化变换器工作带宽、插入损耗等工作性能。

二、反射型极化变换器参数设计

如上文所述，无填充介质状态下金属线栅和全金属板反射面两者间为真空状态，此时理论计算值为 d=0.1559mm，使用 Ansoft—HFSS 软件对该厚度邻近区间的反射型极化变换器电磁场散射性能进行仿真计算。引用极化隔离器金属线栅宽度、周期、介质基底材料的研究结论，设置第一层反射面金属线宽和周期分别为 5μm 和 80μm，设置两层反射面间距 d 为 0.1mm~0.3mm。仿真模型如图 4.8 所示，与极化隔离器仿真模型相比，此时入射线极化波极化方向与金属线栅排列方向（X 轴）呈 45°，即图中喇叭天线下端位于原点处矩形波导短边方向。由于仿真模型为阵列结构，考虑计算机硬件计算能力并节省运算时间，反射型极化变换器设定尺寸大小约为 6mm×6mm（即 8λ×8λ），计算反射线极化波两正交极化分量的幅度差和相位差，仿真结果如图4.9和图4.10所示。

　　分析仿真结果，d在参数设置区间内优化结果与理论计算符合度较高，证明了反射型极化变换器工作原理。厚度优化结果显示，当d=0.17mm时，两正交分量幅度差为 –0.7978dB，约为0dB，即满足幅度差相等；相位差为88.6227°，即满足相位差为90°±10°。综上所述，使用双层反射面结构设计的极化变换器模型，在合适的间距取值范围内，能够同时满足入射线极化波两个正交分量 $E_{\perp}$ 和 $E_{//}$ 幅度相近、相位差接近90°的条件，因此该反射型极化变换器能够实现线极化与圆极化之间的相互转换。需要说明，仿真结果中幅度差曲线显示小范围震荡波动，该幅度差波动是由于电磁波两个正交分量分别通过反射面时，在反射面边缘存在边缘绕射效应导致的，但幅度差波动仍未超过 ±1dB，对工作性能影响不大。

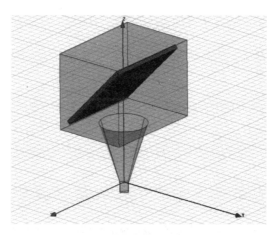

图4.8　无填充介质状态反射型极化变换器仿真模型

340GHz 收发隔离网络关键技术研究

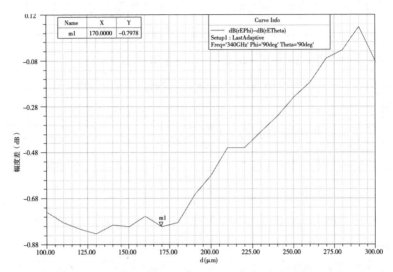

图 4.9　无填充介质状态反射型极化变换器两正交分量幅度差

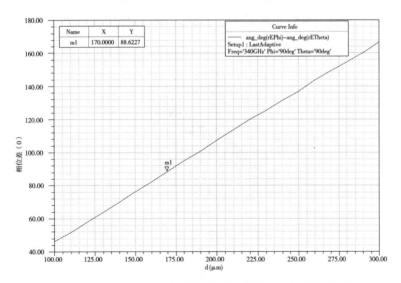

图 4.10　无填充介质状态反射型极化变换器两正交分量相位差

在此基础上，对双层反射面间使用红外石英玻璃基底的反射型极化变换器进行研究，仿真模型与图 4.8 相似，两层反射面间距 d 根据材料规格和加工工艺要求设置为 0.2mm~0.4mm。仿真优化结果显示当基底厚度 d=0.33mm 器件性能满足要求，仿真结果幅度差和相位差如图 4.11 和 4.12 所示。

分析仿真结果，当间距 d=0.33mm，经极化变换器反射，两个正交分量 $E_\perp$ 和 $E_{//}$ 幅度差为 –0.1010dB，相位差为 88.7951°。综上所述，在 340GHz 工作频率，反射型极化变换器使用红外石英玻璃基底厚度 0.33mm、金属线栅宽度为 $5\mu m$、金属线栅周期为 $80\mu m$ 时，线极化波两个正交分量与满足幅度差很小，相位差接近 90°，可以实现线极化与圆极化之间的相互转换，符合设计要求。

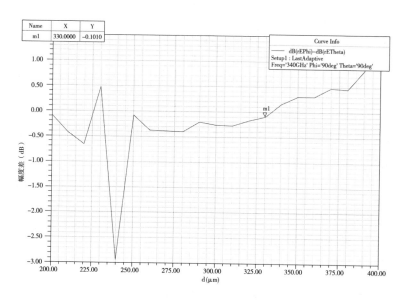

图 4.11 红外石英玻璃基底极化变换器两正交分量幅度差

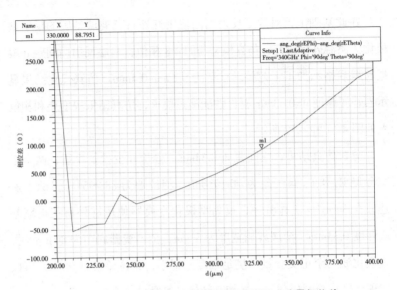

图 4.12　红外石英玻璃基底极化变换器两正交分量相位差

三、反射型极化变换器性能研究

前文通过理论计算和仿真优化，设计了反射型极化变换器结构参数，当该单元器件集成到收发隔离网络中时，还需考虑该器件对整体工作性能的影响，保证插入损耗和工作带宽的适应性，故本节对反射型极化变换器工作性能开展研究。

根据工程应用要求，首先规定反射型极化变换器电性能参数指标所允许的偏差范围如下：

1. 两正交极化分量幅度偏差：$\leqslant \pm 3\text{dB}$；

2. 两正交极化分量相位偏差：$\leqslant 90° \pm 10°$；

3. 两正交极化分量插入损耗：$\leqslant 1\text{dB}$。

（一）工作带宽

由式（4-12）可知，反射型极化变换器性能由基底厚度 d、波长 λ 和介质基底介电常数 ε_r 共同决定，当入射波频率在一定范围内发生变化，波长 λ 与频率成反比变化，此时传播路径固定不变，相位差一定会随着波长 λ 改变，当相位差不满足 900 ± 100 范围内，极化变换器工作性能受到影响。

本文在上面设计的结构参数下，对工作频率进行扫描：设置中心频率为 340GHz，频率扫描区间为 300 GHz ~380GHz，步进 2GHz，采用 Ansoft—HFSS 软件对该频率区间进行遍历计算，仿真结果如图 4.13 和图 4.14 所示。

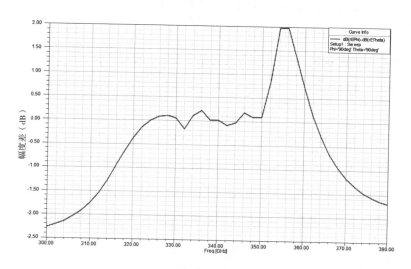

图 4.13　红外石英玻璃基底极化变换器工作带宽内两正交分量幅度差

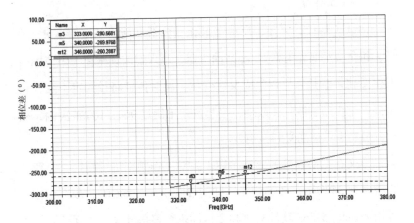

图 4.14 红外石英玻璃基底极化变换器工作带宽内两正交分量相位差

分析图 4.13 可知，线极化入射波两个正交分量 $E_\perp$ 和 $E_{//}$ 在
300GHz~380GHz 区间，幅度差均低于 ±3dB，中心频率 340GHz 处，
幅度差接近 0dB，可见工作带宽对幅度差影响相对较小，满足要求；
分析图 4.14 中两个正交分量 $E_\perp$ 和 $E_{//}$ 在 80GHz 扫频范围内的相位差，
其中 333GHz~346GHz 频率范围内二者相位差偏移约为 80°～100°
（由于相位有 360° 周期，故此时 333GHz 相位差 −280° 对应 80°、
346GHz 相位差 −260° 对应 100°），满足线 / 圆极化波转换要求；整
体范围内，相位差与频率变化呈线性变化趋势，其他频率区间不满
足设计要求，因此使用双层反射面结构的极化变换器，电磁波正交
分量相位差受工作频率的影响较大。

综上所述，该反射型极化变换器仿真计算显示正常工作在
333GHz~346GHz 频率范围，工作带宽约 13GHz。

（二）插入损耗

极化变换器工作原理介绍中，线极化入射波 E_{TT} 分解为两个正交分量，其中 $E_\perp$ 极化方向与金属线栅垂直，$E_{//}$ 极化方向与金属线栅平行，三者满足矢量合成方程：

$$E_{TT}{}^2 = E_\perp{}^2 + E_{//}{}^2 \qquad （4-13）$$

因此该入射波在极化变换器传播过程中的插入损耗，分别由 $E_\perp$ 和 $E_{//}$ 在各自传播路径中的损耗引起。为方便分析，将极化变换器看作二端口网络，采用 CST 仿真软件计算两个正交方向电磁波传播 S_{21} 参数，可合成器件总体插入损耗，仿真结果如图 4.15 所示。

分析图 4.15 可知，线极化入射波两个正交分量 $E_\perp$ 和 $E_{//}$ 在工作带宽内插入损耗都可控制小于 1dB。显然，二者经过极化变换器生成为圆极化波后合成插入损耗在工作带宽内仍然满足 ≤ 1dB，满足设计要求。

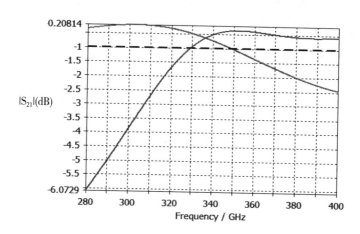

图 4.15　反射型极化变换器两个正交方向 S_{21} 参数

第四节 小结

本章首先介绍圆极化波基本理论，归纳圆极化波产生和实现方式，综述已有应用的微波频段极化变换器结构；再结合收发隔离网络原理图，提出反射型极化变换器设计方案，研究其基本工作原理和电磁波传播的极化状态；然后引用极化隔离器中金属线栅结构宽度、周期、介质基底材料的研究结论对双层反射面间距进行理论计算，得到真空状态和填充红外石英玻璃基底两种情况下厚度 d 的取值，再通过三维电磁仿真软件对极化变换器电磁场散射性能进行仿真运算和参数优化，考察线极化入射波两正交电场分量相位差和幅度差；最后对该结构极化变换器工作带宽、插入损耗等工作性能进行研究，研究结果显示该反射型极化变换器满足电磁波极化方式的转换需求，不足之处在于工作绝对带宽约为 13GHz，不利于发挥 THz 频段雷达系统宽频带、高分辨率成像的优势。

第五章

340GHz 透射型极化变换器
特性研究与设计

第一节　340GHz透射型收发隔离网络

前文基于 340GHz 反射型收发隔离网络设计方案，研究和设计了 340GHz 极化隔离器和反射型极化变换器。理论研究和仿真计算表明，以上单元器件组成反射型隔离网络能够满足收发隔离需求，但仍存在不足之处：

1. 反射型收发隔离网络工作绝对带宽约为 13GHz，相对带宽不大，不易发挥太赫兹宽频带的优势。

2. 信号传输路径为反射型，相比于直线传播，不利于结构集成。

因此本章提出 340GHz 透射型收发隔离网络设计方案，原理框图如图 5.1 所示，分析原理图可知，相比于反射型收发隔离网络，后者电磁波传播路径发生改变，在极化变换器处不再反射进入与传输路径 90°垂直的发射通道，而是经透射后保持直线传播，辐射至目标处（传播过程中电磁波极化方式的改变与传播状态相对于反射型收发隔离网络不发生改变），故透射型收发隔离网络能够克服反射型结构不足之处，且工作性能更优（后文将进行详细讨论）。本章着重研究其单元器件透射型极化变换器，分别对不同材料或结构在极化变换器中应用进行分析，确定设计方案、研究工作性能，并分析加工误差的影响。

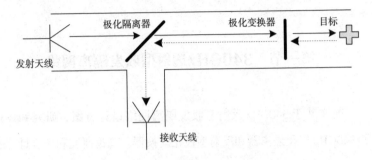

图 5.1　准光学透射型收发隔离网络原理图

第二节 现有透射型极化变换器技术应用研究

一、华夫结构极化变换器

文献[59]介绍在微波频段极化变换器设计中采用了四层华夫结构，前文对该结构器件的基本工作原理进行了初步分析，即华夫结构中周期排列的金属条和金属块可提供等效的电容、电感值，不同的电容和电感使两个正交电场分量 $E_{//}$ 和 $E_{\perp}$ 在穿过极化变换器时产生不同的相位延迟，完成极化变换；再使用矩量法对单元结构的尺寸大小进行计算得到相应的电容电感值，间接调整极化变换器工作中心频率。不同金属形状的电纳值可以通过经验公式获得，也可通过更准确的矩量法获得。当垂直线极化波入射，文献总结金属结构层的等效电纳的经验公式如下：

$$Y_v = jB_v = j\left(B_1 + B_2 + B_3\right) \qquad (5-1)$$

式（5-1）中：

$$B_1 = \frac{-K_1}{\beta' - \dfrac{1}{\beta'}}\left\{\frac{lnsin\left[\dfrac{\pi}{4}\left(\dfrac{a-2\omega1}{8a} + \dfrac{b-h}{2b}\right)\right]}{\dfrac{1}{2}\left(\dfrac{b}{h} + \dfrac{a}{\dfrac{a}{2}+\omega1}\right) + \dfrac{1}{4}\left[\left(\dfrac{a}{\lambda}\right)^2 + \left(\dfrac{b}{\lambda}\right)^2\right]}\right\} \qquad (5-2)$$

$$B_2 = -\frac{4\pi K_2}{\eta_0 \lambda} lnsin\left(\frac{\pi(b-\omega 2)}{2b}\right) \qquad (5-3)$$

$$B_3 = K_3\left[\frac{\eta_0 h}{\lambda} lnsin\frac{\pi}{a}\right]^{-1} \qquad (5-4)$$

式（5-2）中：

$$\beta' = \frac{1-0.205\left(\dfrac{a-2\omega 1}{8a}+\dfrac{b-h}{2b}\right)}{\dfrac{a+b}{2\lambda}} \qquad (5-5)$$

对于入射波为水平线极化波，其等效电纳的经验公式如下：

$$Y_h = \frac{1}{jX} \qquad (5-6)$$

式（5-6）中：

$$X = \frac{\eta_0 a}{2\lambda\left[1-\left(\dfrac{fh}{5.62}\right)^2\right]}\left\{K_4\left[-\frac{b}{a}ln\frac{\pi\omega 2}{2b}\right]+K_5\left[-\frac{2h}{a}ln\frac{4a}{\pi\omega 1}-0.492\right]\right\}$$

$$(5-7)$$

上述式（5-2）、（5-3）、（5-4）和（5-7）中，K_1、K_2、K_3、K_4、K_5 是常数，他们的取值可通过实验数据拟合得到，文献[60]给出的经验值为 $K_1$7.1772e-3、K_2=3.2661、K_3=9.2989e-3、K_4=18.0663、K_5=-4.5243。

需要注意，应用经验公式计算金属层等效电纳值的方法具有一定的局限性，该方法未考虑入射角的影响，且需要实验数据来拟合公式中的 K 常数。且多层金属周期结构的散射参数并不只是通过金属周期结构和介质层的主模的散射参数级联就能获得，它们之间有高次Floquet模耦合，并且耦合较强，只有当多层金属结构距离较远、耦合较弱时，该经验公式才能成立。此外若需考虑加载介质基底对电磁波传播的影响和入射角的变化对电纳值产生的影响时，采用矩量法来计算准确性更高。

因为上文介绍的经验公式法存在诸多不足，本节采用全波仿真的数值计算方法。本节针对华夫结构极化变换器，使用Ansoft—HFSS软件对电磁场散射性能进行仿真研究。设计的华夫结构极化变换器仿真模型如图5.2（a）所示，在340GHz中心频率下周期单元示意图如图5.2（b）所示，图中各参数为a=176μm、b=352.9μm、c=139.7μm、d=146μm、e=56μm，双层间距h=220μm（四分之一工作波长）。

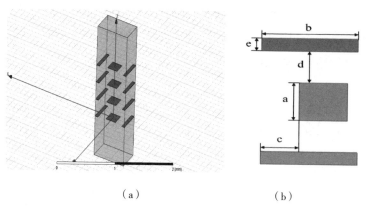

（a） （b）

图5.2 华夫结构极化变换器仿真模型单元

华夫结构极化变换器为周期阵列结构，整体结构尺寸远远大于波长，故对于入射电磁波，该极化变换器可等效为无穷大平面。本节使用主从边界和 floqent 模激励的方法进行设置，只需对单元结构进行计算，有效避免计算机硬件计算能力限制，主要分析入射线极化波两正交极化分量的幅度差和相位差。不考虑介质基底对电磁波传播损耗及相位变化影响，入射波电场极化方向为 XOY 平面与 X 轴夹角 45° 方向，电磁波入射角维持 90°（即垂直于 XOY 面入射时），该双层华夫结构极化变换器两个正交电场分量幅度差和相位差如图 5.3、图 5.4 所示。按照反射型收发隔离网络相同判断标准，即两正交极化电场分量相位差满足 90° ± 10° 且幅度差满足小于 ± 3dB，此时透射波为圆极化波。

图 5.3 中频率区间为 320GHz~380GHz 幅度差满足小于 ± 1dB 的；图 5.4 中相位差满足 90° ± 10° 范围的频率区间为 325GHz~360GHz，同时满足极化变换要求的工作带宽为两频率区间的公共部分，即 325GHz~360GHz，故工作带宽约 35GHz。显然，该工作带宽与反射型极化变换器相比大大增加，工作带宽对应频点处幅度差和相位差仿真计算结果如表 5.1 所示。

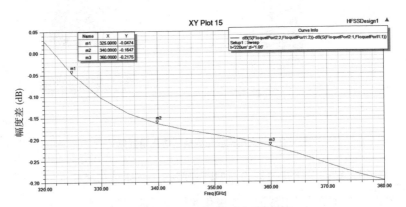

图 5.3　华夫结构极化变换器幅度差

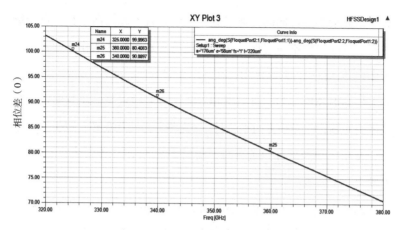

图 5.4　华夫结构极化变换器相位差

表 5.1　双层华夫结构模型仿真结果

频率（GHz）	幅度差（dB）	相位差（度）
325	−0.0474	100
340	−0.1647	92
360	−0.2175	80

二、蓝宝石极化变换器

对于各向同性的光学材料，如立方晶体和非晶态（无定型体），折射率只有一个；而光入射非均质介质时，通常分为振动方向相互正交、传播速度不同的两个波，它们分别有两路折射光线，形成所谓的双折射现象。双折射现象常产生于光学各向异性介质或晶体中。双折射现象指的是其中一条折射光遵从折射定律，光沿不同方向传播速度一致，且不同方向上具有相同折射率 n_o，传播保持在入射面内，这条光线叫作寻常光，也叫作 o 光。另一条折射光不遵从折射定律，光沿不同方向的传播速度不一致，且不同方向上具有不同折射率，传播时也不一定保持在入射面内，这条光线叫作非常光，也叫作 e 光。在双折射晶体中存在一个固定方向，o 光与 e 光在这个方向上传播时速度一致，折射率相等，两者光线重叠，此方向定义为晶体的光轴，与光轴方向平行时，o 光与 e 光相互重叠，双折射现象不会发生；与光轴方向垂直时，折射率 n_o 与 n_e 相差最大，o 光与 e 光发生最大偏离。

晶体内由光轴和任意方向的光线所确定的平面定义为此光线的主平面。寻常光与非常光存在各自的主平面，对于 o 光而言，其振动方向和它的主平面相互垂直；对于 e 光而言，其振动方向和它的主平面相互平行。实验和理论都显示，晶体表面法线和光轴二者构成的某平面，若光线在该平面内传播，则有 o 光与 e 光都满足在平面内，称为 o 光与 e 光共同的主平面，也即晶体的主截面。

晶体对 o 光的主折射率如下：

$$n_o = \frac{C}{v_o} \tag{5-8}$$

晶体对 e 光的折射率定义为光在真空中的相速度和 e 光的相速度二者比值。e 光的相速度并不固定，它随着方向的不同而变化，故晶体对 e 光的折射率也随着方向的不同而变化。例如在光轴方向上，e 光具有和 o 光相同的折射率，但在和光轴垂直的方向上，e 光的相速 v_e 和 v_o 差别最大，因此 e 光折射率 n_e 与 n_o 的相差也最大，即为：

$$n_e = \frac{C}{v_e} \tag{5-9}$$

在其余方向上 e 光折射率处于 n_o 与 n_e 之间，由式（5-8）和式（5-9）得到的折射率就是单轴晶体两个主折射率，对于正晶体而言 $n_o < n_e$；对于负晶体则为 $n_o > n_e$。单轴晶体最大双折射率（或重折射率）定义为 o 光与 e 光折射率之差，即 $n_o - n_e$，它显示了晶体的双折射性质，是晶体的重要特征参数。折射率与介质的电磁性质紧密相关，即介质的相对电容率和相对磁导率；折射率还与频率有关，即色散现象。

根据惠更斯原理：在晶体内寻常光传播引起的波面为球面，它的传播速率具有各向同性，而非常光传播引起的波面为旋转椭球面，在光轴方向上和寻常光传播速率一致。对寻常光而言，传播能量的方向（即光线方向）和位相前进的方向（波前方向）相同，光的速度与相速度相等，这与在各向同性介质中的情形相同；但对非常光而言，传播能量的方向与位相前进的方向不同，光的速度与相速度通常也不相等，因而需要区别光的方向和波前方向，也需要区别光的速度和相速度。

光学领域中，主要使用双折射现象设计棱镜型偏光器件、光学补偿器、相位延迟片等。目前已确定具有双折射特性的介质达 600 多种，而可适用于制作光学器件的不到 10 种，主要原因是由于器件制作对晶体的要求相对严格，通常需满足下列条件：在应用的波段内具有合适的最大双折射率，高透过率，稳定的物化性能，不易潮解，无光学级要求的缺陷，易于加工获得需要的尺寸。

蓝宝石可以作为一种非常理想的宽波段多光谱窗口材料。相对于普通的宽波段窗口材料，它有很多机械和光学上的优势：蓝宝石硬度非常高，摩氏硬度达到9；它是一种惰性材料，具有特别稳定的化学性质，不溶解于大部分酸性溶液；熔点极高，达到2050摄氏度；蓝宝石窗口能够做到非常薄；导热性很好；在可见光与中波红外线波段具有很高的透过率；蓝宝石晶体为光学各向异性材料，即蓝宝石内部 X 轴、Y 轴、Z 轴方向具有不同介电常数，对电磁波传播具有双折射率现象。基于以上特性，本文拟对蓝宝石极化变换器进行研究。

极化变换器本质上是对两个正交方向幅度相等的电磁波传播实现 90° 相位差，因此在太赫兹频段制作蓝宝石极化变换器与光学制作相位延迟片相似，其光学设计原理如下：

首先保证波片（即蓝宝石极化变换器）上下平行通光表面与双折射晶体的光轴平行，设入射光为单色平面偏振光，正入射至蓝宝石极化变换器后，入射光的电矢量可按照光轴方向进行分解，当电矢量方向与光轴方向不在平行或垂直状态时，入射光可被分解成两个电矢量相互正交振动的平面偏振光，此时对应寻常光、非常光的位相差为：

$$\delta = \frac{2\pi d}{\lambda} |n_o - n_e| = 2\pi N \qquad (5\text{-}10)$$

其中，$|n_o - n_e|$ 即为最大折射率，d 是波片厚度，N 是以波长分数代表的推迟，当 N=1/4 或 1/2 时，分别是单级 1/4 波片或单级 1/2 波片，N > 1 时是多级波片。

由于寻常光、非常光在波片中有不同的传播速度，通常对应波片的两个光学主轴分为快轴与慢轴。对正晶体而言，$v_e < v_o$、$n_e >$

n_o，光轴是慢轴；反之，对负晶体而言，光轴是快轴。当入射偏振光电矢量平行于光学主轴，则波片传播类似于各向同性介质。若不考虑二向能量损失影响，对于 1/4 波片，入射偏振光电矢量与快轴的夹角为 ±45° 时，出射光即为圆偏振光；夹角为 90° 时，出射光为线偏振光；其他情况下出射光为椭圆偏振，椭圆主轴分别对应波片的快慢轴。

本节通过全波仿真数值计算方法对某典型应用的蓝宝石电磁散射性能进行研究，提取辐射方向前后轴比数据，初步验证蓝宝石极化变换器实现线／圆极化变换趋势。根据调研所得蓝宝石不同方向介电常数，设置 X 轴、Y 轴、Z 轴的 ε_r 分别为 13.2、11.4、10；设置蓝宝石厚度 d=1/4 λ =0.22mm（ f_0 = 340GHz， λ =0.88mm）；设置入射波线极化方向为 X 轴与 Y 轴夹 45° 方向。结合天线馈源与蓝宝石极化变换器，应用 Ansoft—HFSS 进行仿真计算，仿真模型如图 5.5 所示，直接提取线极化波入射时和加入蓝宝石极化变换器后的辐射方向轴比图，如图 5.6 和图 5.7 所示。

图 5.5　天线前端加上 1/4 λ 蓝宝石仿真模型

340GHz 收发隔离网络关键技术研究

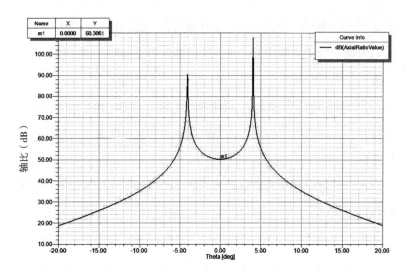

图 5.6　线极化波的极化轴比

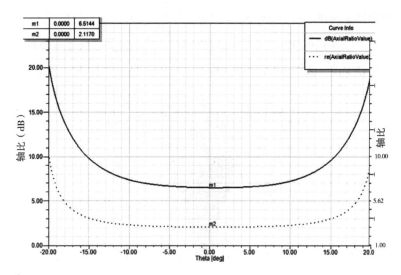

图 5.7　透过蓝宝石电磁波的极化轴比

图 5.6 所示为未加蓝宝石极化变换器时，最大辐射方向轴比为 50.3dB；图 5.7 所示为加入蓝宝石极化变换器后最大辐射方向轴比为 6.5dB（比值约为 2.1），轴比快速下降。显而易见，当轴比接近无穷大时，出射波为线极化波；轴比为 0dB（即比值为 1）时，出射波为圆极化波，故使用合适厚度的双折射率蓝宝石晶体可以实现线极化波与圆极化波的转换。

三、小结

上述多层华夫结构金属板和蓝宝石材料两种极化变换器设计方案在低频段已有应用，通过对上述设计方案在 340GHz 频率的应用进行理论分析和仿真研究，结果表明二者在 340GHz 频段能够实现线极化波与圆极化波的转换，特别是双层华夫结构金属板在无基底介质材料时表现出了良好的宽频带特性。

从工程实用性考察，综合考虑材料成熟度、经济性、工艺成熟度等多方面因素，应用多层华夫结构和蓝宝石材料制作极化变换器存在以下困难：

1. 华夫结构极化变换器是在介质基底双面加工金属形状，工作性能受介质基底影响较大，对介质基底的生产和厚度有较高要求。而低频段华夫结构极化变换器的加工中，多层结构间距为 n λ /4（n 为奇数），由于工作波长较长，解决方案容易实现。如果使用 Rogers 板材加载华夫金属结构，该介质板材厚度需要国外定制，现有国内介质基底生产不易满足要求；如果应用薄膜材料单面加工金属形状，再将双层薄膜固定在金属圆环两侧的加工工艺，国内尚无成功案例，其研制难度大且周期较长。

2. 蓝宝石作为宽波段、多光谱窗口材料，主要应用在可见光和中波红外线波段，在太赫兹低端频段透过率相对较低；蓝宝石的成本太高，加工和抛光难度较大，且相当费时；光学加工中完全控制蓝宝石机械特性非常困难；天然蓝宝石单晶的几何尺寸几乎达到极限值，不易满足增大尺寸的需求；人工蓝宝石光学和电参数不稳定，不同厂家不同批次产品不能保证电参数一致，对器件性能影响较大。

综合考虑，使用上述两种方案设计透射型极化变换器仍有较大困难，因此本文研究各向异性超材料，使用单元电谐振金属结构设计透射型极化变换器，可结合红外石英介质基底设计制作。

第三节　超材料透射型极化变换器

一、各向异性超材料电磁波传播特性

超材料是指一些具有天然材料所不具备的超常物理性质的人工复合结构或复合材料，是近年来国际学术界的研究热点之一。超材料一般由基本谐振单元（如电谐振器、磁谐振器）组成，通过设计单元谐振特性能够在特定频段对超材料的等效电磁参数进行控制，例如能够使等效介电常数和等效磁导率接近于零，甚至为负。近来大量应用的几类典型超材料包含左手材料、电超材料、磁超材料、各向异性超材料和声波超材料，本节所研究的各向异性超材料是其中很重要的一种，各向异性超材料为相互正交的两个方向上存在不同的介电常数和（或）磁导率的超材料。

首先研究各向异性超材料中电磁波传播特性，电磁波在不同材料界面处将发生反射和透射现象，且遵守斯涅尔定律。考虑由4种各向异性超材料1、2、3和4构成的区域，如图5.8所示，其中1、2和3、4间为XOY面，1、3和2、4间为YOZ面。

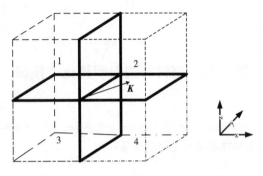

图 5.8　电磁波入射各向异性超材料三维图

在此组合结构中，1、2、3、4 分别为由不同介电常数和磁导率构成的各向异性超材料。设 XOY 面为传输平面，当电磁波在该平面内斜入射时，其传播常量可看作二维的矢量：$\boldsymbol{K}=k_x\boldsymbol{x}+k_y\boldsymbol{y}$。此时，电磁波的入射、透射和反射电场可以表示为：

$$E_{\pm}=\boldsymbol{e}\cdot C\cdot exp\left[i(\boldsymbol{K}\cdot\boldsymbol{r}_{\perp}-\omega t)\right]exp\left(-\alpha_{\pm}\cdot|z|\right) \tag{5-11}$$

上式中，振幅因子 C 分别为 1、$\boldsymbol{r}_s$ 和 $\boldsymbol{t}_s$（$\boldsymbol{r}_s$ 和 $\boldsymbol{t}_s$ 分别为电磁波的反射系数和透射系数），$\alpha_{\pm}$ 为衰减因子。我们考虑 z>0 的半空间，从前面的电场表达式出发，对之求旋度，可以得出相应的磁场可以表示为：

$$\boldsymbol{H}=\frac{1}{\omega}\left[\frac{-i\alpha_+}{\mu_x}E_y\boldsymbol{x}+\frac{i\alpha_+}{\mu_y}E_x\boldsymbol{y}+\frac{1}{\mu_z}\left(k_xE_y-k_yE_x\right)\right]\cdot$$
$$exp\left[i(\boldsymbol{K}\cdot\boldsymbol{r}_{\pm}-\omega t)\right]exp\left(-\alpha_{\pm}|z|\right) \tag{5-12}$$

在这种条件下，透射波平均能流密度与传播常量的关系为：

$$<S>=\frac{1}{4\omega}\frac{\boldsymbol{K}}{\alpha_3}\left(\frac{\mu_{4z}\mu_{4x}-\mu_{3z}\mu_{3x}}{\mu_{4z}\mu_{4x}\mu_{3x}}\right) \tag{5-13}$$

从上式分析可得，电磁波的折射只与磁导率的部分分量相关，当发生负折射现象时（能流方向和传播常量的方向相反），只需磁导率部分分量取负值即可，而不要求整个磁导率取负值。依据麦克斯韦方程组和电磁场边界连续性条件，可以得到电磁波在各向异性超材料中传播的反射系数和透射系数为：

$$r_s = \frac{\mu_{1y}k_x - \mu_{3y}k_x^t}{\mu_{1y}k_x + \mu_{3y}k_x^t} \qquad t_s = \frac{K^t}{K^i}\frac{\mu_{3y}k_x}{\mu_{1y}k_x + \mu_{3y}k_x^t} \qquad （5-14）$$

在各向异性超材料中，平面波的反射系数和透射系数的表达式为：

$$\text{r} = \frac{\mu_{3y}k_x - \mu_{1y}k_x^t}{\mu_{3y}k_x + \mu_{1y}k_x^t} \qquad \text{t} = \frac{2\mu_{3y}k_x}{\mu_{3y}k_x + \mu_{1y}k_x^t} \qquad （5-15）$$

对于 TM 波，电磁波的反射系数为：

$$\text{r} = \frac{\dfrac{\varepsilon_{1y}}{\varepsilon_{3y}}k_x - k_x^{'}}{\dfrac{\varepsilon_{1y}}{\varepsilon_{3y}}k_x + k_x^{'}} = \frac{\sqrt{s_1 s_3}\cos\theta_t - \cos\theta_t}{\sqrt{s_1 s_3}\cos\theta_t + \cos\theta_t} = |r|\exp(i\varphi) \qquad （5-16）$$

电磁波入射至界面时，产生相移为：

$$\text{d} = -\frac{d\varphi}{dk_y} = -\frac{d\varphi}{d\theta}\frac{d\theta}{dk_y} = -\frac{1}{k\cos\theta}\frac{d\varphi}{d\theta} \qquad （5-17）$$

经过数学求导计算，可以得出 TM 波的相移为：

$$d_p = \frac{2s_4\left(1 - \dfrac{s_1}{s_3}\right)\tan\theta}{k_p\left[s_4^2\cos^2\theta + \sin^2\theta - \dfrac{s_1}{s_3}\right]\sqrt{\sin^2\theta - \dfrac{s_1}{s_3}}} \qquad （5-18）$$

同样，对于 TE 波，反射系数为：

$$r = \frac{\dfrac{\mu_{1y}}{\mu_{3y}}k_x - k_x^{'}}{\dfrac{\mu_{1y}}{\mu_{3y}}k_x + k_x^{'}} = \frac{\cos\theta_i - \sqrt{s_1 s_2}\cos\theta_t}{\cos\theta_i + \sqrt{s_1 s_2}\cos\theta_t} = \frac{\cos\theta - i\alpha}{\cos\theta + i\alpha} \quad (5\text{-}19)$$

采用同样的方法，TE 波的相移为：

$$d_s = \frac{2s_1\left(1 - \dfrac{s_2}{s_4}\right)\tan\theta}{k_x\left[cos^2\theta + s_1^2 sin^2\theta - \dfrac{s_2 s_1^2}{s_4}\right]\sqrt{sin^2\theta - \dfrac{s_2}{s_4}}} \quad (5\text{-}20)$$

从上述表达式能够得出，相移分母确定为正。所以 TM 波和 TE 波的 Gus Hansen 相移的正负可通过下式两因子分别确定：

$$a_p = s_4\left(1 - \frac{s_1}{s_3}\right) \qquad a_s = \frac{1}{s_1}\left(1 - \frac{s_2}{s_4}\right) \quad (5\text{-}21)$$

从式（5-21）中可知，当（S_1, S_2, S_3, S_4）取值不同时，Gus Hansen 相移的结果也不同。对于 TM 波，影响相移的因子有（S_1, S_3, S_4），对于 TE 波，影响相移的因子有（S_1, S_2, S_4），此时，各向异性超材料要实现极化变换器工作性能，可根据下列方程组，计算等效参数值：

$$\begin{cases} d_p - d_s = 90 \\ t_p = t_s \end{cases} \quad (5\text{-}22)$$

二、基于电谐振金属结构的单元设计

目前，超材料设计方法主要包括基于介质谐振器超材料、金属结构超材料、介质谐振器和金属结构结合等方法。文献 [102] 分析了开口谐振环（SRR）和电谐振单元（ELC）两种基本谐振单元结构，如图 5.9 所示，并对电超材料和磁超材料理论模型进行了详细研究。

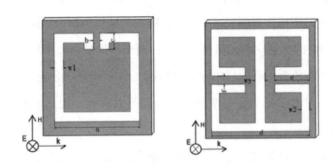

图 5.9　SRR（左）和 ELC（右）基本单元结构

开口谐振环 SRR 提供一个起主导作用的磁谐振器，磁谐振器既具有电感性部分，又具有电容性部分。电磁波入射至磁谐振器上，将产生感应电流，形成 LC 谐振回路，当磁谐振器发生谐振时，谐振负区域的等效磁导率是负值。磁谐振器结构具有双各向异性，为抑制该性质，磁谐振器的等效电路采用镜像对称的单回路，即磁谐振器使用了单回路镜像对称设计原理。电谐振器 ELC 设计思路与之相似，主要提供起主导作用的电谐振器，实现负介电常数，其区别是电谐振器的等效电路必须使用等效成镜像对称的双回路，因为镜像对称双回路电流为相反方向，导致电谐振器结构的总磁通量为零，可抑制该结构的磁响应。且由于两者皆易于集成，SRR、ELC 两种谐振单元和它们的互补性谐振单元 CSRR、CELC 在各种微带电路中得到越来越多的应用。

其中，ELC 电谐振器（Electrical LC resonator）不必使用金属线连接的方法，只需互相分立的谐振器就能提供负等效介电常数。ELC

电谐振器的结构可与入射电场发生耦合，同时与入射磁场耦合非常小，常见基本单元结构如图 5.10 所示，显然 ELC 电谐振器和 SRR 开口谐振环相比有明显区别，ELC 谐振器结构为两个回路。图 5.10（a）和（b）对应单元结构可以通过两个相同回路以不同组合方式构成，即两个回路的摆放顺序调换后，即可得到（a）和（b）不同结构。对入射场而言每个回路都呈现不对称性，因此能被电场所激励。

由于谐振器尺寸与入射波波长相比，远远小于波长，故可近似认为谐振器处的相位各处相等，设定入射场激励如图 5.10 所示，谐振器和电场耦合产生谐振，由此导致两个对称回路生成反向电流。以图 5.10（b）举例说明，电场激励所得等效电路如图 5.11 所示。电谐振器产生谐振时，在谐振器的电容两极，电荷将通过电感产生震荡，其行为与电偶极子相似。此时谐振器和磁场的耦合非常小，通过磁场的作用，对称回路产生电流为同向，其效果被相互抵消。通过调整电容和电感的取值，可准确地对负等效介电常数实现控制。

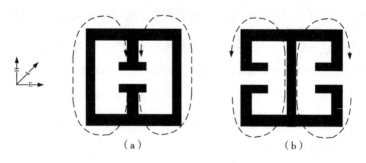

图 5.10　ELC 电谐振器基本单元（a）单电容结构（b）双电容结构

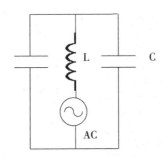

图 5.11 ELC 电谐振器等效电路

采用全波仿真的数值计算方法，使用 Ansoft—HFSS 对 ELC 电谐振器单元进行仿真计算，获得该结构器件的散射参数，再根据获得的 S 参数可提取等效磁导率和相对介电常数。介电常数的虚部在普通介质中即代表介质损耗，且值为正数，而 ELC 电谐振器的等效介电常数的虚部主要是指谐振器的反射和其他因素的影响，等效磁导率的虚部取值为负也不代表该材料有增益，同时考虑等效介电常数和等效磁导率后，等效媒质仍然有损耗。本节重点考察透射波两正交电场分量幅度差和相位差，分析器件工作性能，不对等效介电常数和磁导率展开讨论。仿真计算时，介质基底材料选择使用前期研究 340GHz 频段透过率较好的红外石英玻璃，在基底双表面对称加工阵列金属单元，此时金属单元结构采用文献 [111] 介绍 ELC 变形单元，变形单元在不影响谐振回路的前提下结构简化、参数更少，更易计算 S 参数控制等效磁导率与相对介电常数。其阵列结构和单元形状如图 5.12 所示，其中 a=133.33 μm、b=28 μm、c=6.67 μm、d=6.67 μm、e=39.67 μm、g=10.67 μm、r=46 μm。

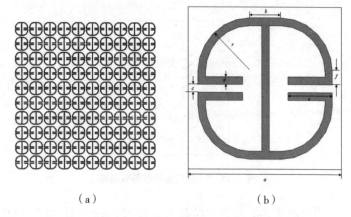

（a）　　　　　　　　　　（b）

图 5.12　透射型极化变换器金属阵列结构及单元图

三、仿真计算及误差分析

根据上述超材料透射型极化变换器结构参数，使用 Ansoft—HFSS 对电磁场散射性能进行仿真计算，仿真模型如图 5.13 所示。仿真模型为与 XOY 面平行方向设置上下两层 ELC 单元结构金属，且双层结构严格对齐；双层结构间设置介质基底材料，基底厚度为 h；基底材料使用透过率较好的红外石英玻璃（介电常数 3.7 ~ 3.9，介质损耗角正切 0.0001）；设置中心频率为 340GHz。由于该极化变换器为金属阵列结构，整体尺寸远远大于波长，可等效为电磁波入射无穷大平面，可使用主从边界和 floqent 模激励的方法进行设置：谐振单元沿 x 和 y 方向无限重复组成阵列结构，入射波沿 z 轴方向入射，floqent 模激励源设置电场为 x 方向，磁场为 y 方向，该计算方法可有效避免计算机硬件对仿真条件的限制。考察不同基底材料厚度（0.32mm~0.36mm）情况下透过极化变换器后的两个正交电场分量的幅度差和相位差频谱分布特性，仿真结果如图 5.14 和图 5.15 所示。

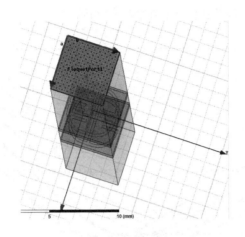

图 5.13　双层阵列结构透射型极化变换器仿真模型单元

表 5.2　两种基底厚度双层极化变换器的幅度差和相位差

频率（GHz）	幅度差（dB）	相位差（度）	参数、模型说明
330	−1.8	78	基底厚度为 0.34mm
340	−0.4	91	
350	2	100	
330	−1.6	84	基底厚度为 0.35mm
340	1.4	96.14	
350	3.1	100.5	

分析结果看出，当基底厚度从 0.32mm 到 0.36mm 渐变时（间隔为 0.01mm），透射波两正交分量幅度差和相位差变化趋势一致，工作频带向下偏移；以中心频率 340GHz 为目标，当基底厚度为 0.34mm 和 0.35mm 时器件工作性能最好，此时两正交极化电场分量相位差基本满足 90°±10° 且幅度差满足小于 ±3dB，此时透射波近似为圆极

化波，且保证工作带宽最大约为 20GHz，330GHz~350GHz 频带内典型频率处的幅度差和相位差值如表 5.2 所示。

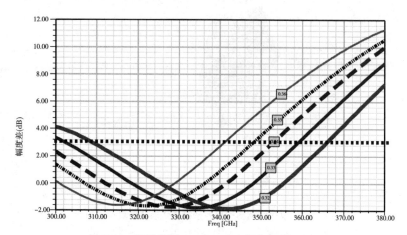

图 5.14　双层模型 340GHz 中心频率仿真幅度差

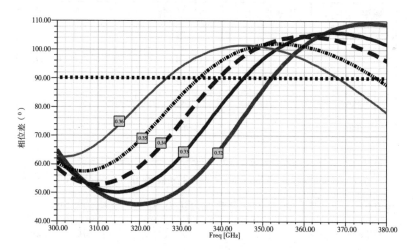

图 5.15　双层模型 340GHz 中心频率仿真相位差

超材料透射型极化变换器是双层金属阵列谐振单元排列构成，在太赫兹频段，器件结构尺寸较小，谐振单元参数都属于 μm 量级，给金属图形的加工精度提出了严格的要求，本节将在下章详细探讨制备原理样品时的加工工艺，但即使最先进的加工工艺也会产生误差，因此本节对不同加工误差情况进行讨论，分析误差对极化变换器工作性能的影响，指导加工过程对误差的控制。为节约计算资源，误差分析重点关注基底厚度为 0.34mm 和 0.35mm 两种情况。

（一）谐振单元对齐误差分析

1. 双层结构左右错开 $5\mu m$ 时误差分析。

当红外石英玻璃基底材料两个表面谐振单元如图 5.12（b）左右错开 $5\mu m$ 时，透过极化变换器后的两个正交电场分量的幅度差和相位差频谱分布特性如图 5.16、图 5.17 所示，330GHz~350GHz 频带内典型频率处的幅度差和相位差值如表 5.3 所示。

分析仿真结果，当双层谐振单元结构左右错开 $5\mu m$ 时，透过极化变换器后的两个正交电场分量的幅度差基本满足小于 $\pm 3dB$，相位差基本满足 $90° \pm 10°$。与双层谐振单元结构无对齐误差时比较，电性能指标基本没有降低，故设计方案对此项加工误差不敏感。

340GHz 收发隔离网络关键技术研究

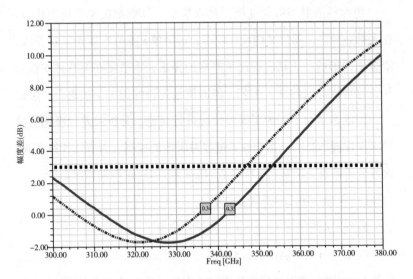

图 5.16　红外石英玻璃双面金属图形左右错开 5μm 时幅度差

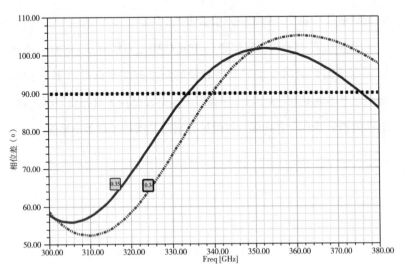

图 5.17　红外石英玻璃双面金属图形左右错开 5μm 时相位差

表5.3 基底正反面结构左右错开5μm误差分析结果

频率（GHz）	幅度差（dB）	相位差（度）	参数、模型说明
330	−1.69	75	基底厚度为 0.34mm
340	1.22	90.59	
350	3.8	100.32	
330	−1.97	84.26	基底厚度为 0.35mm
340	−0.5	96.53	
350	2.03	100.5	

2. 双层结构上下错开5μm时误差分析。

当红外石英玻璃基底材料两个表面谐振单元如图5.12（b）上下错开5μm时，透过极化变换器后的两个正交电场分量的幅度差和相位差频谱分布特性如图5.18、图5.19所示，330~350GHz频带内典型频率处的幅度差和相位差值如表5.4所示。

分析仿真结果，当双层谐振单元结构上下错开5μm时，透过极化变换器后的两个正交电场分量的幅度差基本满足小于 ±3dB，相位差基本满足90°±10°。与双层谐振单元结构无对齐误差时比较，电性能指标基本没有降低，故设计方案对此项加工误差不敏感。

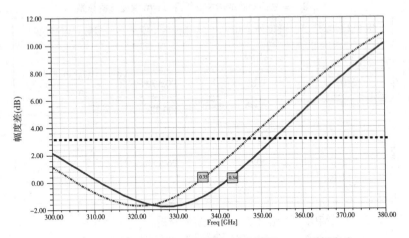

图 5.18　红外石英玻璃双面金属图形上下错开 5μm 时幅度差

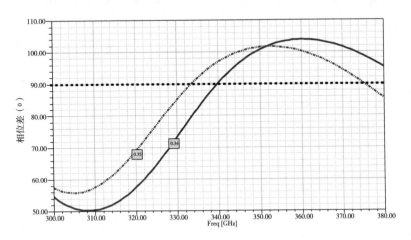

图 5.19　红外石英玻璃双面金属图形上下错开 5μm 时相位差

表 5.4 基底正反面结构上下错开 5μm 误差分析结果

频率（GHz）	幅度差（dB）	相位差（度）	参数、模型说明
330	-1.7	75	基底厚度为 0.34mm
340	-0.31	90.24	
350	2.25	100.62	
330	-0.9	85.06	基底厚度为 0.35mm
340	1.23	96.8	
350	3.93	100.78	

3. 绕 z 方向旋转错开 10° 误差分析。

阵列单元对齐误差的情况不仅可能出现平移方向上的对齐问题，还需考虑双面图形沿轴向旋转的对齐误差，仍然使用 Ansoft—HFSS 进行仿真计算，其他设置不变，调整反面阵列结构单元沿 z 方向旋转错开 10°，仿真模型如图 5.20 所示。当红外石英玻璃基底材料两个表面谐振单元（如图 5.12（b））绕 z 方向旋转错开 10° 时，透过极化变换器后的两个正交电场分量的幅度差和相位差频谱分布特性如图 5.21、图 5.22 所示，330GHz~350GHz 频带内典型频率处的幅度差和相位差值如表 5.5 所示。

分析仿真结果，当双层谐振单元结构绕 z 方向旋转错开 10° 时，透过极化变换器后的两个正交电场分量的幅度差基本满足小于 ±3dB，相位差基本满足 90°±10°。与双层谐振单元结构无对齐误差时比较，电性能指标基本没有降低，故设计方案对此项加工误差不敏感。

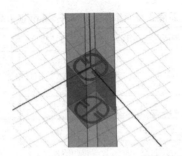

图 5.20　绕 z 轴旋转错开 10° 模型单元

表 5.5　模型绕 z 方向旋转错开 10° 误差分析结果

频率（GHz）	幅度差（dB）	相位差（度）	参数、模型说明
330	−1.7	72.46	基底厚度为 0.34mm
340	−0.40	88.34	
350	2.32	98.38	
330	−1.2	81.72	基底厚度为 0.35mm
340	1.01	94.18	
350	3.52	99.36	

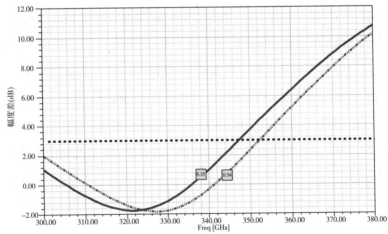

图 5.21　红外石英玻璃双面金属图形旋转错开 10° 时幅度差

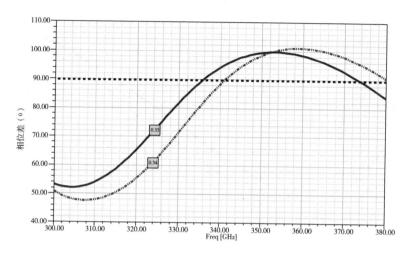

图 5.22 红外石英玻璃双面金属图形旋转错开 10° 时相位差

（二）线宽误差分析

极化变换器单元结构参数设计中，最小线宽处为 6.67μm，由于不同工艺流程线宽加工精度不同，且掩模板制作存在线宽误差，因此需研究单元结构中线宽误差对极化变换器性能的影响。经调研，极化变换器中金属线宽误差范围容易控制在 6 μm 至 7.5μm 区间，故分别对金属线宽加工正偏差至 7.5μm 和负偏差至 6μm 时极化变换器电性能进行仿真计算。

当电谐振单元金属线宽加工正偏差至 7.5μm 时，透过极化变换器后的两个正交电场分量的幅度差和相位差频谱分布特性如图 5.23、图 5.24 所示；当电谐振单元金属线宽加工负偏差至 6μm 时，透过极化变换器后的两个正交电场分量的幅度差和相位差频谱分布特性如图 5.25、图 5.26 所示。

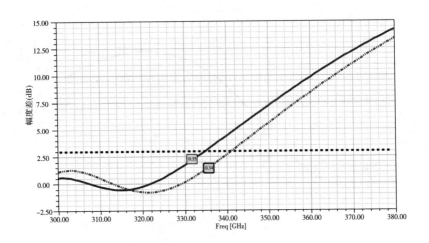

图 5.23　极化变换器最小金属线宽为 7.5μm 时幅度差

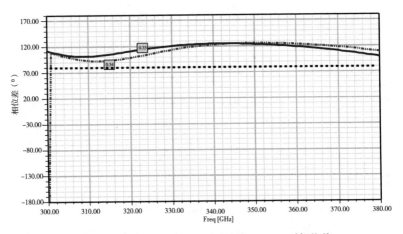

图 5.24　极化变换器最小金属线宽为 7.5μm 时相位差

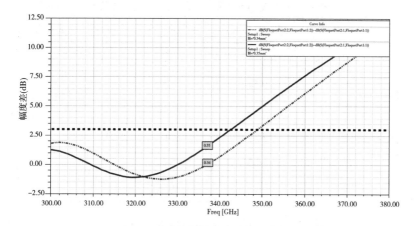

图 5.25　极化变换器最小金属线宽为 6μm 时幅度差

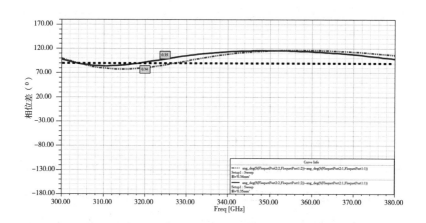

图 5.26　极化变换器最小金属线宽为 6μm 时幅度差

表 5.6 极化变换器金属线宽为 7.5μm 时仿真结果

频率（GHz）	幅度差（dB）	相位差（度）	参数、模型说明
300	1.98	97	基底厚度为 0.34mm
310	0.52	90	
320	−0.77	97.90	
300	0.5	110	基底厚度为 0.35mm
310	−0.3	100	
320	−0.2	110.5	

表 5.7 极化变换器金属线宽为 6μm 时仿真结果

频率（GHz）	幅度差（dB）	相位差（度）	参数、模型说明
310	1.2	81	基底厚度为 0.34mm
320	−0.63	83	
330	−0.89	93	
310	0.1	86	基底厚度为 0.35mm
320	−1.0	92	
330	0.22	101	

分析仿真结果，当电谐振单元金属线宽加工正偏差至 7.5μm 时，极化变换器适应频率向低端产生明显偏移，300GHz~320GHz 频带内典型频率处的幅度差和相位差值如表 5.6 所示，此时在 340GHz 频率处，透过极化变换器后的两个正交电场分量的幅度差接近 4dB，相位差大于 120°，经透射传播不能生成圆极化波。当电谐振单元金属线宽加工负偏差至 6μm 时，极化变换器适应频率也向低端产生明显

偏移，310GHz~330GHz 频带内典型频率处的幅度差和相位差值如表 5.7 所示，320GHz 频率处透射波为圆极化波，此时在 340GHz 频率处，透过极化变换器后的两个正交电场分量的幅度差小于 2.5dB，但相位差接近 120°，经透射传播不能生成圆极化波。因此，电谐振单元结构中金属线宽对于器件电性能指标很敏感，当加工出现正负偏差过大时，不能满足实现圆极化波转换，故需在加工工艺设计中严格控制此参数。

为获得电谐振单元金属线宽范围控制值，本节对金属线宽控制在 $6.57\,\mu m$ 至 $6.77\,\mu m$ 极化变换器电性能进行仿真计算，当电谐振单元金属线宽加工正偏差至 $6.77\,\mu m$ 时，透过极化变换器后的两个正交电场分量的幅度差和相位差频谱分布特性如图 5.27、图 5.28 所示；当电谐振单元金属线宽加工负偏差至 $6.57\,\mu m$ 时，透过极化变换器后的两个正交电场分量的幅度差和相位差频谱分布特性如图 5.29、图 5.30 所示。分析仿真结果，当电谐振单元金属线宽加工正偏差至 $6.77\,\mu m$ 时，电性能指标基本没有降低，330GHz~350GHz 频带内典型频率处的幅度差和相位差值如表 5.8 所示；当电谐振单元金属线宽加工负偏差至 $6.57\,\mu m$ 时，电性能指标基本没有降低，330GHz~350GHz 频带内典型频率处的幅度差和相位差值如表 5.9 所示，故电谐振结构单元金属线宽加工误差控制范围在 $6.57\,\mu m$ 至 $6.77\,\mu m$ 时，极化变换器工作性能影响较小。

340GHz 收发隔离网络关键技术研究

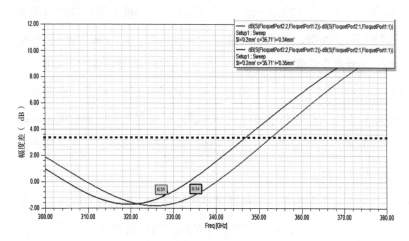

图 5.27　极化变换器最小金属线宽为 6.77μm 时幅度差

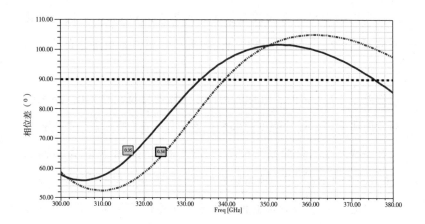

图 5.28　极化变换器最小金属线宽为 6.77μm 时相位差

表 5.8   极化变换器金属线宽为 6.77μm 时仿真结果

频率（GHz）	幅度差（dB）	相位差（度）	参数、模型说明
330	−1.8	76	基底厚度为 0.34mm
340	−0.3	90	
350	2.8	100.7	
330	−0.82	84.3	基底厚度为 0.35mm
340	1.45	96.5	
350	4.1	100.3	

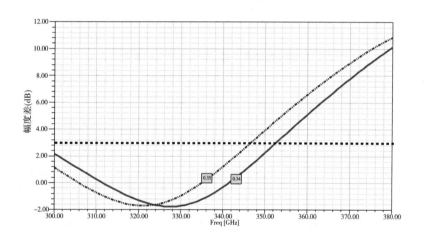

图 5.29   极化变换器最小金属线宽为 6.57μm 时幅度差

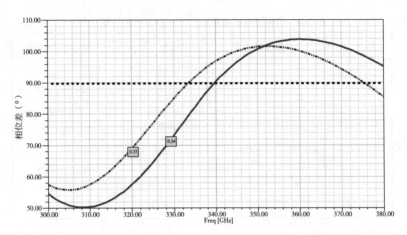

图 5.30 红外石英玻璃双面金属图形上下错开 6.57μm 时相位差

表 5.9 极化变换器金属线宽为 6.57μm 时仿真结果

频率（GHz）	幅度差（dB）	相位差（度）	参数、模型说明
330	−1.73	73.6	基底厚度为 0.34mm
340	−0.36	90.3	
350	2.16	100.2	
330	−1.11	85.6	基底厚度为 0.35mm
340	1.60	96.2	
350	3.84	101.6	

第四节 小结

本章分析了反射型收发隔离网络不足之处，提出了透射型结构收发隔离网络原理框图，在此基础上，重点研究其单元器件透射型极化变换器。对低频段现有应用的多层华夫结构和蓝宝石极化变换器在 340GHz 的应用进行了研究，通过理论分析和仿真计算表明，上述两种方案能够满足线极化波转换圆极化波要求，但在实际应用中仍然存在较大困难；重点研究各向异性超材料电磁波传播特性，给出了使用电谐振单元（ELC）金属结构设计超材料极化变换器的方案，进行了理论分析和全波仿真计算，设计了器件结构参数，研究了器件工作性能，并分析了不同加工误差的影响。计算结果表明，双层电谐振单元（ELC）金属结构阵列构成各向异性超材料极化变换器时，当双层金属结构间左右或上下错开 $5\mu m$ 或双层金属结构绕垂直金属面方向旋转 $10°$，三种情况下电性能指标基本没有降低，该极化变换器设计方案对此三项加工误差不敏感；同时，设计参数中金属线宽的变化对器件电性能指标很敏感，需在加工工艺设计中严格控制误差范围在 $6.57\mu m$ 至 $6.77\mu m$ 内。

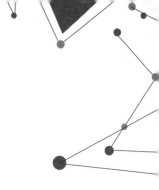

第六章

340GHz 收发隔离网络原理样机制作及测试验证

第一节　原理样机加工工艺

一、光刻技术基本概念及原理

光刻技术是一种制作复杂电路图形的技术，它采用光学复制的原理可将超小图形刻制到不同介质基底薄片上。光刻技术的研究和开发在集成电路制造技术中占有着无比重要的技术先导的作用。迄今为止，基本上所有的集成电路都是通过它制造的。

本节对太赫兹收发隔离网络中极化隔离器和极化变换器的制备采用了光刻技术。常规光刻技术中，图像信息的载体多采用波长2000～4500埃的紫外光，通过图形的变换、转移和处理，最后将图像信息传递至介质层上，它的基本原理和相片印制类似，在基底上涂附的光刻胶对应相纸，掩模对应底片。通过使用特定波长的光照射光刻胶完成曝光，光刻胶有正负性两种类型，即感光性与抗蚀性。二者的区别为，正性胶曝光部分会溶解在显影液中，没有曝光的部分保留下来；负性胶的曝光部分不溶解，而没有曝光的部分反而被溶解。光刻胶作为一种临时性材料，涂附在介质层表面上仅为了转移图形，一旦图形形成刻蚀或离子注入后要被完全清除。

光刻质量评价的指标主要包括光刻精度（线宽尺寸控制和套刻精度）、分辨率（单位长度可分辨的高反差线对数）、产率和成品率等。影响光刻质量的主要因素包括有曝光系统及方式、光掩模、光刻胶和刻蚀方法等。

二、基本步骤及工艺分析

光刻技术的流程复杂，影响其工艺宽容度的工艺变量很多。譬如缩小的特征尺寸、掩膜层数量、对准偏差和介质片表面清洁度。在广义上，常规的光刻技术包括图形形成和刻蚀工艺两个部分；在狭义上，仅指图形形成工艺。为便于讨论，对光刻图形形成过程8个步骤进行讨论。

（一）气相成底膜处理

首先进行清洗、脱水以及介质片表面成底膜处理，这是光刻工艺第一步。以上处理是为了加强介质片与光刻胶二者的黏附性。介质片清洗可以使用去离子水冲洗或湿法清洗，通常情况下介质片清洗工作需要在进入光刻工作间之前就已完成。然后在一个密闭腔中进行脱水致干烘焙，目的是排除吸附在介质基底表面的大多数水汽，保持介质片表面清洁干燥的状态。清洗和脱水处理完毕后需使用六甲基二硅胺烷（HMDS）立即对介质片进行成膜处理，以达到黏附促进剂的效果。

（二）旋转涂胶

成底膜处理后，紧接着采用旋转涂胶的方法对介质片涂附光刻胶。常使用一个真空载片台固定介质片，真空载片台为一个平盘，材料多为金属或聚四氯乙烯，表面有多个真空孔。均匀地将液体光刻胶滴在介质片上，再旋转载片台获得一层均匀的光刻胶涂层。

涂胶包括甩胶、喷胶和气相沉积等多种方法，目前应用最多的方法是甩胶。顾名思义，甩胶是通过高速旋转，把多余的液体光刻胶甩出去，只留下一层均匀的胶层在介质片上。一般使用甩胶的方法其均匀性能够优于 +2%（边缘除外）。胶层厚度由下式决定：

$$F_T = \frac{1}{2\omega} \sqrt{\frac{3\eta}{\rho t}} \qquad (6-1)$$

式中 F_T 是胶层厚度，ω 是旋转角速度，η 是平衡时的黏度，ρ 是光刻胶密度，t 是时间。由式（6-1）可知，转速、时间、胶的特性共同决定胶层厚度。各种光刻胶相应的旋转涂胶条件也有所不同。

光刻胶分为正胶和负胶，通常认为负胶具有更差的分辨率，但随着技术的发展，一些负胶通过碱性显影液也能复印出亚微米图形，其精度并不比正胶差，而且不会产生胶膨胀的影响。正胶也有缺陷，比如其灵敏度与负胶相比偏低，故需要的曝光量与负胶相比增大若干倍。光刻胶的灵敏度极限预计约为 $10\mu J/cm2$，极限分辨率预计约为 10nm。光刻胶未来主要发展方向为提高灵敏度、分辨率及抗蚀性能。

（三）烘焙

为去掉光刻胶中的溶剂，光刻胶涂附后必须对介质片表面进行软烘。软烘的目的是为了提高黏附性，并提升光刻胶均匀性，从而能够在刻蚀中更好地控制线宽。

（四）对准和曝光

掩膜版与涂胶后的介质片上的恰当位置对准，对准完成后，对掩膜版和介质片曝光，将掩膜版图形转移至带胶的介质片上。工程上最常见的曝光技术多为紫外光刻，根据波长又包括紫外、深紫外和极紫外光刻；根据曝光方式包括接触 / 接近式光刻与投影式光刻。对准和曝光的质量评价重要指标包括套刻精度、线宽、分辨率、颗粒以及缺陷等方面。对接触 / 接近式光刻机而言，其分辨率由下式确定：

$$R = \frac{3}{2}\sqrt{\lambda\left(G + \frac{F_t}{2}\right)} \qquad (6-2)$$

其中，λ 是曝光波长，F_t 是介质片表面光刻胶厚度，G 是曝光距离。该类光刻机结构简单，发展成熟，价格便宜，分辨率最高可达 $1\mu m$ 左右。总体而言，光学光刻受分辨率所限，若光刻图形要求更高分辨率只能借助粒子束光刻，粒子束光刻主要包括 X 射线、电子束和离子束光刻等。

（五）曝光后烘焙

光刻胶曝光后尽快进行烘焙，以深紫外（DUV）光刻胶为例，多在 100℃～110℃ 的热板上进行曝光后烘焙。以前对于非深紫外光刻胶采用曝光后烘焙为可选步骤，但目前即使对于传统光刻胶也成了一种常规流程。

（六）显影

要实现介质基底片表面光刻胶中生成图形，显影是关键步骤。光刻胶的可溶解部分被化学显影剂所溶解，窗口图形停留在介质片表面。最常见的显影方法为旋转、喷雾、浸润，最后显影，完成后使用离子水（DI）冲洗介质片并甩干。

（七）坚膜烘焙

显影后的热烘即为坚膜烘焙。残留的光刻胶溶剂将被挥发，从而增加光刻胶对介质片表面的粘附性。这一步是为了稳固光刻胶，对后面的刻蚀或离子注入有非常关键的作用。坚膜烘焙温度需严格控制，温度过低效果不好，温度过高会导致光刻胶流动进而破坏图形。

（八）显影后检查

光刻胶在介质片上图形形成后，需要对光刻胶图形质量进行检查。该步骤不仅为了找出光刻胶有质量问题的介质基底片，而且可对光刻胶工艺性能描述以满足规范要求。若确定光刻胶图形有缺陷，可以剥除，介质片重新返工利用。

三、单元器件加工工艺流程

上文讨论了狭义上光刻技术的基本步骤及工艺分析，在此基础上完成样品加工主要分为两步：一、光栅掩模的制备；二、掩模图形的转移。光栅掩模的制备方法很多，主要包括纳米压印技术、X射线光刻技术、电子束光刻技术和全息光刻技术等。掩模图形转移技术不断发展，形成方法有很多，主要有电镀法、蒸镀法（溅射，沉积）和干法刻蚀等。干法刻蚀是目前在半导体工艺中应用较多的微纳加工方法，包括感应耦合等离子体刻蚀（ICP）、反应离子刻蚀（RIE）、离子束刻蚀（IBE）等。其中，IBE为纯物理刻蚀法，刻蚀比相对不高，但具有其他优点，如方向性较好，对材料抗腐蚀性要求不高，可选择材料范围广等特点。离子束性能参数主要包括离子

能量、束流密度以及束散角等。

1. 离子能量：离子束刻蚀或沉积的过程，通过应用一定能量的离子对材料进行溅射，因此离子刻蚀或沉积速率受离子能量的大小直接影响。

2. 束流密度：离子源性能鉴定的最重要指标就是考察束流密度的均匀性，它将决定刻蚀深度是否均匀。束流密度还将影响刻蚀速率，二者成正比关系，离子源设计目标之一就是保证离子束所包含范围内绝大部分束流密度维持均匀。

3. 束散角：刻蚀的图形转移精度和各向异性将直接受离子束束散角影响。分析一束离子发射后离开离子源的状态，因为各离子热运动具有不固定的速度方向，通过加速极后，各离子出射的运动方向不与原来一致，从而形成束散角。典型的束散角通常为4°~20°。因为从栅孔出射的单离子束相互重叠和存在侧壁再沉积等因素，要得出束散角对侧壁陡直度的影响很难。

结合本节太赫兹单元器件的结构参数，国内能够满足加工条件、实现工艺流程，且保证高可靠性的研究单位或加工中心较少，先后与中电 13 所、中科院微电子所、半导体所、苏州微电子加工工业园、天津大学太赫兹技术研究所接洽，经过多轮技术讨论，克服加工困难，最终选择苏州微电子加工工业园为承制单位进行器件加工。根据加工需求，首先制作光刻掩模版，确定掩模版尺寸为 2 时；使用 Ledit 软件画出金属图形周期结构版图；设计图形精度标记、曝光参考线、双面对准标记；然后进行制版，在中电 13 所完成掩模板制作。在此基础上，采用全息光刻技术制作光栅掩模，然后采用 IBE 方法将光刻胶图形转移到金属材料上。以双面金属阵列结构透射型极化变换器加工为例，其主要工艺流程如图 6.1 所示，极化隔离器和反射型极化变换器根据不同金属形状和各自器件结构分别对应使用图 6.1 中加工工艺流程步骤 1 至步骤 5。

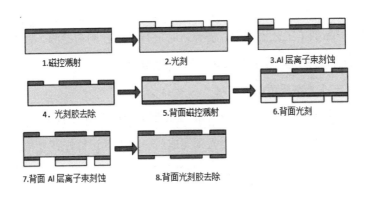

1.磁控溅射　　2.光刻　　3.AI 层离子束刻蚀

4. 光刻胶去除　　5.背面磁控溅射　　6.背面光刻

7.背面 AI 层离子束刻蚀　　8.背面光刻胶去除

图 6.1　主要加工工艺流程示意图

工艺流程图说明如下：

1. 磁控溅射 AL 层，厚度预计为 500nm。

2. 正面光刻：起到后续刻蚀工艺掩模的作用，光刻胶厚度大于 $0.5\mu m$ 即可，并选择稳定的光刻参数。

3. 正面 AL 层的离子束刻蚀（IBE 刻蚀）：光刻胶作为掩模，"光刻胶：AL"刻蚀比大于 1 即可。

4. 去除光刻胶：采用有机清洗操作去除光刻胶。

5. 样片背面磁控溅射 AL 层，厚度预计为 500nm。

6. 背面光刻：起到后续刻蚀工艺掩模的作用，光刻胶厚度大于 $0.5\mu m$ 即可，并选择稳定的光刻参数。

7. 背面 AL 层的离子束刻蚀（IBE 刻蚀）：光刻胶作为掩模，"光刻胶：AL"刻蚀比大于 1 即可。

8. 去除光刻胶：采用有机清洗操作去除光刻胶。

四、精度控制与检测

样品加工工艺流程中，需要适时进行精度控制与检测，以确保加工器件的质量，主要包括如下几个关键环节。

（一）光刻图形精度控制

前期设计图形精度标记：精度标记为 $10 \times 20 \mu m$ 的矩形阵列，在直角拐角处首尾相连。当光刻完成后，精度标记恰好在直角拐角处相连则表示精度误差极小，若精度标记直角拐角交错 $1 \mu m$ 或者间隔 $1 \mu m$，那么光刻误差则为 $\pm 1 \mu m$。如图 6.2 所示。

图 6.2　光刻图形精度控制标志

（二）光刻对准精度控制

前期设计图形对准标记：对准标记为游标卡尺结构，结构如图6.3 所示，光刻时可对两层图形进行套刻。对准原理与现实中游标卡尺测量类似。即垂直方向上右侧图层间距比左侧图层大 0.2μm（水平方向上上侧图层间距比下侧图层大 0.2μm）。若两图层游标卡尺中心条纹对准，那么偏差为零；若两图层中间偏上第 6 根条纹对准，则图形套刻向下偏了 6×0.2=1.2μm；同样，若两图层中间偏左第 7 根条纹对准，则图形套刻向右偏了 7×0.2=1.4μm。

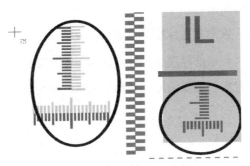

图 6.3　光刻对准精度控制标志

（三）金属刻蚀图形精度控制

和上文所述光刻图形精度一致，刻铝完成后观察对准标记处的精度标记首尾相连情况。如图 6.4 所示，矩形精度标记首尾恰好相连，则图形误差小于 1μm。

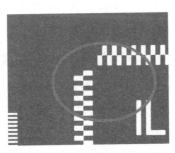

图 6.4　刻铝图形精度控制观察图

（四）对应以上精度控制环节，还需注意以下检测内容

1. 光刻的检测。

光刻中：套刻过程通过光刻机摄取影像观察游标卡尺结构的对准情况；光刻后：通过金相显微镜观察前文所述的对准标记、精度标记等。若检测不合格，则需要去胶，然后重新光刻。

2. 溅铝的检测。

溅铝前，在陪片边缘部分位置覆盖胶带，溅铝后撕下胶带，并用台阶仪测试铝层的厚度差，即可得知溅铝厚度和溅铝速率。若检测不合格，根据已测得的厚度和溅铝速率，继续溅铝，直至达到要求厚度。

3. 刻铝的检测。

刻铝时，根据铝层厚度，设定相应的 IBE 刻铝时间。当铝层刻蚀干净，透过腔室观察窗，可观测样片失去铝层的镜面反光效果，而呈现介质基底的透明状态。若检测不合格，图形完好时继续刻铝，直至多余铝层被刻蚀干净。若刻铝时图形精度不好，则需重新开始工艺流程。

本次使用光刻技术对样品进行加工需解决以下问题，介质基底所用直径 50mm 红外石英玻璃圆片厚度较薄（约 0.33mm），在光刻过程中损坏率较高；由于器件涉及双面加工，当制作完成某一面后，对另一面进行加工，容易接触并破坏已完成面金属图形；双面金属图形有对准误差要求，故加工过程需随时通过显微镜观测对准标记。经多次技术调整，收发隔离网络单元器件——极化隔离器、极化变换器原理样品加工完成，样品实物及显微镜观测细节图分别如图 6.5

和图 6.6 所示。

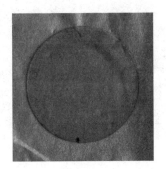

a 极化隔离器

b 反射型极化变换器

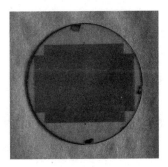

c 透射型极化变换器

图 6.5　样品实物图

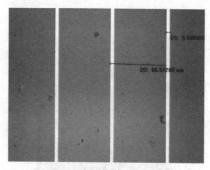

a 极化隔离器

b 反射型极化变换器

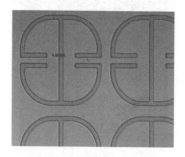

c 超材料透射型极化变换器

图 6.6　显微镜观测图及线宽测量

第二节   340GHz收发隔离网络集成组装方案

前面章节完成极化隔离器、极化变换器原理样品加工，根据收发隔离集成网络原理图设计，为了减少电磁波多径传播，控制太赫兹波传播路径，本节制作了收发隔离网络外围吸波箱，并对整体安装方案进行设计，吸波箱体采用铝板制作，箱体尺寸如图6.7所示，铝板内表面采用北矿磁材有限公司铁氧体吸波材料 BMA–RD 对金属箱体内表面贴装，实物如图6.8所示。另外，为确保太赫兹波直线传播经过器件中心，并方便调整各单元器件间距，故在吸波箱下表面中线上设计滑轨，满足各器件在直线上移动；极化隔离器和变换器架设在可移动滑轨块上，滑轨块上方树立活动支撑杆，通过支撑杆的长短升降控制，满足器件高度随天线位置自由调节。

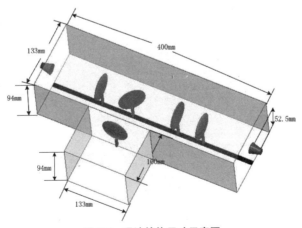

图6.7 吸波箱体尺寸示意图

图 6.8　内部表面贴装铁氧体吸波材料后的吸波箱成品

第三节 340GHz收发隔离网络样机测试及结果分析

一、测试概述

根据 340GHz 收发隔离网络主要设计指标，测试时重点分析原理样机在 330GHz~350GHz 的透射插入损耗和隔离度指标。为保证设计指标的实现，还需增加一系列基础测试，为此共计进行了三类测试工作，分别是材料测试、单元器件电性能测试和集成网络电性能调试及测试。

材料测试包含 BMA-RD 铁氧体吸波材料吸波性能测试、极化变换器光刻工艺所用贴膜插入损耗测试、制作聚焦透镜的聚四氟乙烯板材插入损耗测试。实验验证，该部分基础测试性能优良，测试数据不做单独讨论。

单元器件电性能测试包含极化隔离器和反射型、透射型极化变换器的电性能测试。

集成器件电性能调试与测试包含单元器件安装位置的调试、单元器件间吸波隔板的调试和最终电性能的测试。

另需说明，在最终的电性能调试与测试环节未采用前文分析的聚焦透镜，因为在太赫兹频段由于材料的菲涅耳界面反射损耗和介电损耗会使系带来较大的额外传输损耗，而且增加了系统的复杂度，测试中采用喇叭天线的远场进行器件和系统的测试，因为本器

340GHz 收发隔离网络关键技术研究

件尺寸较小，因此在传输信号路径上，当距离天线满足远场条件时可认为通过极化变换器和极化隔离器的电磁波满足平面波模型，经验证最后的试验结果与仿真时所用的平面波仿真方法结果的一致度较高。

二、测试系统

目前，国内太赫兹测试方案和测试系统尚不成熟，课题组根据国内现有条件，设计并搭建 340GHz 测试系统图如图 6.9 所示。图中矢量网络分析仪为 325GHz ~ 500GHz 矢网 AV3672 和 AV3640A 毫米波扩频控制机，矢网扩频模块为 AV3649B；收发天线为标称增益 20dB 角锥喇叭天线；接收天线极化调整采用自制金属可调角度支架，材料为铝合金。如图 6.10 和图 6.11 所示。

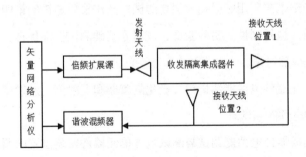

图 6.9 测试系统示意图

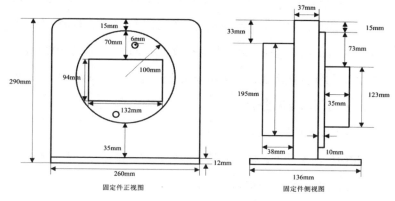

图 6.10　金属可调角度支架示意图

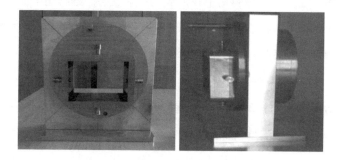

图 6.11　金属可调角度支架实物图

三、测试原理与测试方法

（一）插入损耗测试原理

相同传输条件下，被测件透射传输接收到的信号与未加被测件参考信号两者的功率密度比值。

接收天线放置在图 6.9 中位置 1 处，且与发射天线电轴共轴。

- 153 -

在无极化隔离器和极化变换器的条件下测得的 S_{21}^0 作为参考信号；然后极化隔离器和极化变换器放置后测得的 S_{21} 即为 340GHz 收发隔离集成器件的插入损耗。因为此时接收天线处的电磁波为圆极化波，接收天线为线极化天线，故采用分别测试两个正交分量的幅值，再合成计算得到圆极化波幅值。

（二）隔离度测试原理

相同传输条件下，接收到的被测件散射传输信号与未加入被测件参考信号两者的功率密度比值。

按图 6.9，接收天线放置在位置 2 处，图 6.9 中右端开口接收天线位置 1 处用吸波材料堵上，形成无反射状态。继续用上面的 S_{21}^0 作为参考信号；接收天线与发射天线极化方向垂直时，被测样品放置后测得的 S_{21} 即为被测器件的隔离度。

（三）测试条件

收发天线与被测件间必须满足远场条件，根据 $2D^2/\lambda$ 计算可得，被测件距离天线满足 30mm 以上。

四、测试步骤

（一）步骤 1：参考信号测试

接收天线放置在吸波箱右端开口处，接收天线与发射天线极化方向一致且与发射天线电轴共轴。在无极化隔离器和极化变换器的条件下测得的 S_{21}^0 作为参考信号。

（二）步骤 2：插入损耗测试

在参考信号测试后，将极化隔离器和极化变换器放置在指定位置，因为此时接收天线处的电磁波为圆极化波，接收天线为线极化天线，故需分别测试两个正交分量的幅值 S_{21}^t、S_{21}^r，如图 6.12 和图 6.13 所示。

图 6.12　插入损耗 45° 正交分量测试示意图

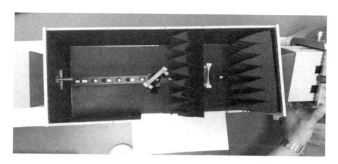

图 6.13　插入损耗 –45° 正交分量测试示意图

（三）步骤 3：隔离度测试

在插入损耗测试后，将接收天线移到吸波箱侧面开口处，将接收天线极化方向调整至与发射天线极化方向垂直；吸波箱右端开口处用吸波材料堵上，形成无反射状态。如图 6.14 所示。继续用上面

的 S_{21}^0 作为参考信号；此时测得的 S_{21} 即为 340GHz 准光型收发隔离集成器件的隔离度。

图 6.14　隔离度测试示意图

五、关键单元器件测试结果

由于加工工艺不成熟，本文设计的单元器件和集成网络经过了多轮加工及测试，文中受篇幅所限，不再一一进行讨论。此处仅给出最终合格样品的电磁性能测试结果。

（一）极化隔离器

如图 6.15 和图 6.16 所示，极化隔离器透射损耗在 330GHz~350GHz 频段内大部分都满足在 3dB 范围内，在 340GHz 中心频点处，透射损耗为 1.9dB；其在 340GHz 中心频点处其空间隔离度为 –49.2dB，且隔离度信号大于噪声信号 –52.50dB，验证了前文的设计结果。

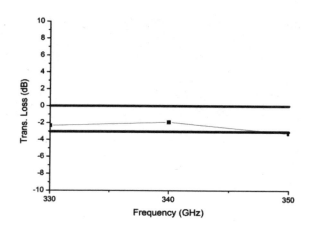

图 6.15　极化隔离器透射损耗

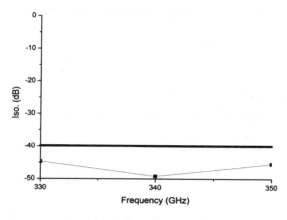

图 6.16　极化隔离器隔离度

（二）反射型极化变换器

反射型极化变换器在 330GHz~350GHz 频带范围内两正交电场分量幅度差小于 3dB，如图 6.17 所示；在 335GHz~345GHz 范围内相位差满足 90°±10°，如图 6.18 所示。其在中心频点 340GHz 处，幅度差为 0.01dB，相位差为 91.1°，验证了前文的设计结果。

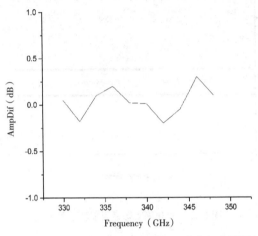

图 6.17　反射型极化变换器两正交电场分量幅度差

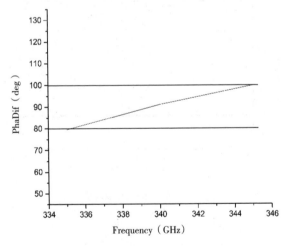

图 6.18　反射型极化变换器两正交电场分量相位差

（三）透射型极化变换器

透射型极化变换器在 330GHz~350GHz 频带范围内两正交电场分

量幅度差小于 3dB，如图 6.19 所示；在 330GHz~350GHz 范围内相位差满足 90°±10°，如图 6.20 所示。其在中心频点 340GHz 处，幅度差为 1.27dB，相位差为 92.88°，验证了前文的设计结果。

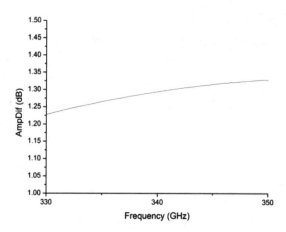

图 6.19　透射型极化变换器两正交电场分量幅度差

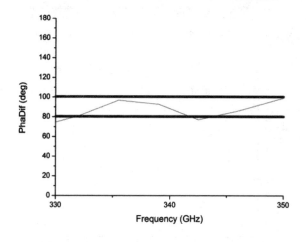

图 6.20　透射型极化变换器两正交电场分量相位差

六、收发隔离网络测试结果

(一)反射型收发隔离网络

340GHz 反射型收发隔离网络在工作带宽内（335GHz~345GHz）的插入损耗和隔离度测试结果如图 6.21 至图 6.23 所示。

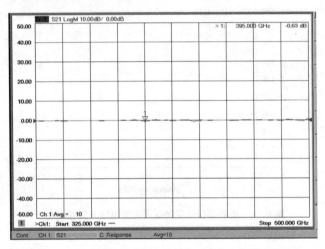

图 6.21　矢量网络分析仪归一化之后的参考信号（截图）

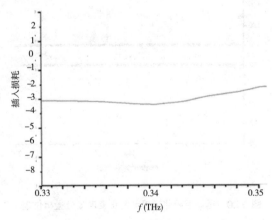

图 6.22　两个正交分量合成后的圆极化波插入损耗

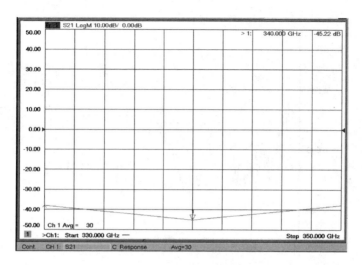

图 6.23 隔离度测试结果（截图）

分析图 6.22 可知，反射型收发隔离网络在 335GHz~345GHz 频率范围内插入损耗均接近 3dB，变化趋势较平稳；中心频率 340GHz处，插入损耗为 −3.22dB；分析图 6.23 可知，在 335GHz~345GHz频率范围内隔离度大于 40dB；中心频率 340GHz 处，隔离度为45.22dB。

（二）透射型收发隔离网络

340GHz 透射型收发隔离网络在工作带宽内（330GHz~350GHz）的插入损耗和隔离度测试结果如图 6.24 至图 6.26 所示。

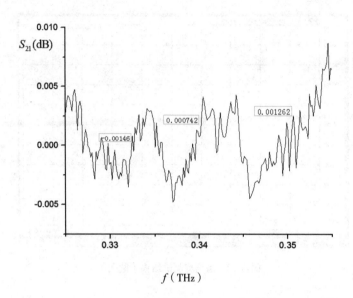

图 6.24 矢量网络分析仪归一化之后的参考信号

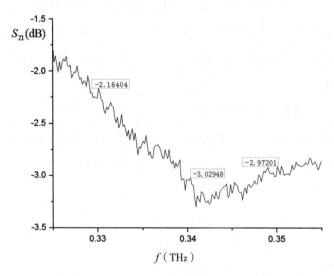

图 6.25 两个正交分量合成后的圆极化波插入损耗

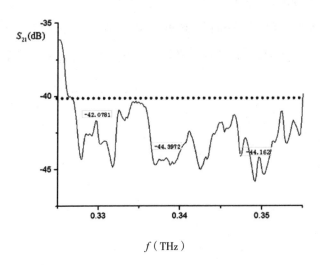

图 6.26　隔离度测试结果

分析图 6.25 可知，透射型收发隔离网络在 330GHz~350GHz 频率范围内插入损耗均接近 3dB；中心频率 340GHz 处，插入损耗为 –3.03dB；分析图 6.26 可知，在 330GHz~350GHz 频率范围内隔离度大于 40dB；中心频率 340GHz 处，隔离度为 44.39dB。

测试结果需要说明，与前文仿真计算比较，本次设计测试方案需要考虑测试误差的影响，主要包括以下几点：

1. 仿真模型中模拟太赫兹波自由空间传播，实际测试使用吸波箱环境。

2. 测试圆极化波时，采用分别测试 ±45° 两个正交电场分量合成的方法，接收天线极化调整采用自制金属可调角度支架，但在角度旋转过程中，电轴中心可能存在不对准问题，引起误差。

3. 全套测试仪器存在自身的随机误差现象。

经分析，前两项测试误差约为 ±1dB、第三项误差约为 ±0.5dB，本次测试总误差约为 1.5dB，故测试结果与仿真计算略有偏差是合理的。

第四节　小结

本章首先介绍了光刻技术的基本概念与原理,然后讨论了光刻图形形成过程的基本步骤,分析加工工艺中影响光刻质量的主要因素和相关参数;在此基础上,根据前期各单元器件设计方案及结构参数,采用全息光刻技术制作光栅掩模,然后采用 IBE 方法将光刻胶图形转移到金属材料上,通过各环节精度控制及检测,经过完整工序完成单元器件的制作;此外,设计了收发隔离网络集成组装方案,主要包含吸波箱体、底部滑轨、活动支撑件和吸波材料的贴装,最终研制完成 340GHz 收发隔离网络原理样机。

根据目前国内现有条件,设计 340GHz 测试方案,搭建测试系统,分别完成材料测试、关键单元器件电性能测试和隔离网络原理样机电性能调试及测试。测试结果显示:极化隔离器在 330GHz~350GHz 频段透射损耗满足小于 3dB、隔离度满足大于 40dB,340GHz 中心频点处透射损耗为 1.9dB、隔离度为 −49.2dB(该成果已申请发明专利,专利号:CN101740873A);反射型极化变换器在 335GHz~345GHz 频段范围内两正交电场分量幅度差小于 3dB、相位差满足 90°±10°,340GHz 中心频点处幅度差为 0.01dB,相位差为 91.1°(该成果已申请发明专利,专利号:CN101820089B);透射型极化变换器在 332GHz~350GHz 频段范围内两正交电场分量幅度差小于 3dB、相位差满足 90°±10°,340GHz 中心频点处幅

340GHz 收发隔离网络关键技术研究

度差为 1.27dB，相位差为 92.88°（该成果已申请发明专利，专利受理号：201510770234.9）；反射型收发隔离网络原理样机：中心频率 340GHz、插入损耗 ≤ 3.22dB、隔离度 ≥ 40dB、带宽 ≥ 10GHz；透射型收发隔离网络原理样机：中心频率 340GHz、插入损耗 ≤ 3.03dB、隔离度 ≥ 40dB、带宽 ≥ 20GHz，基本满足无线系统前端收发隔离网络技术要求（该成果已申请发明专利，专利受理号：201510771369.7）。

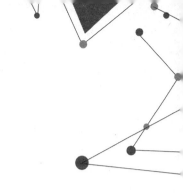

第七章

结　论

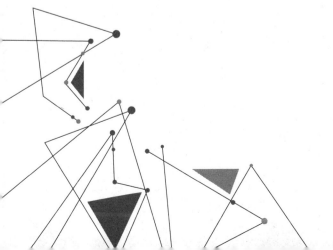

THz 波频段处于微波与远红外间，具有与微波、远红外互补的特性，故有着广阔的发展前景和深远的研究意义。随着技术和需求的发展，传统微波频段收发隔离系统或器件在更高频段的应用受到局限，如何实现更高频段的收发隔离成为重要研究课题。本书选择340GHz 大气窗口频段，以该频段无线系统收发隔离网络（双工器）作为研究对象，利用准光学法，在设计并研制出关键单元器件的基础上，集成研制出收发隔离网络原理样机。该样机具有结构简单、加工工艺成熟、集成度高、承受输入功率高、适用频带宽、插入损耗低和隔离度高等优点，对于促进太赫兹雷达前端收发隔离技术发展具有重要的理论意义和工程应用价值。

一、本研究的主要创新点

1. 首次设计并研制出 340GHz 准光型极化隔离器。该极化隔离器在红外石英玻璃基底上溅射周期性金属线栅。研究了金属线宽度、排列周期、介质基底对极化隔离器性能的影响。经样品加工和实测，在 340GHz±10GHz 频段范围内隔离度大于 40dB、插入损耗小于 3dB。具有工作频带宽、隔离度高、插入损耗低等优点。

2. 首次设计并研制出 340GHz 反射型极化变换器。该反射型极化变换器在极化隔离器基础背面溅射全金属面，通过不同反射路径的方法实现等幅正交电场相位相差 90°，保证电磁波线/圆极化方式的双向转换。经样品加工和实测，在 340GHz±5GHz 频段范围内插入损耗小于 1dB，两正交电场分量幅度差小于 3dB，相位差 90°±10°。具有结构简单、性能稳定、圆化率高、插入损耗低等优点。

3.首次设计并研制出 340GHz 透射型极化变换器。在研究多层华夫结构等效电路工作原理和蓝宝石双折射率特性基础上，选择基于电谐振单元超材料特性构建基本单元结构。经样品加工和实测，在 340GHz ± 10GHz 频段范围内插入损耗小于 1dB，两正交电场分量幅度差小于 3dB，相位差 90° ± 10°。相对于反射型极化变换器适用频率范围更宽。

4.首次研制出反射型和透射型结构的收发隔离网络原理样机。反射型收发隔离网络测试结果：中心频率 340GHz、插入损耗 ≤ 3.22dB、隔离度 ≥ 40dB、带宽 ≥ 10GHz。透射型收发隔离网络测试结果：中心频率 340GHz、插入损耗 ≤ 3.03dB、隔离度 ≥ 40dB、带宽 ≥ 20GHz。

二、后续工作研究

1.太赫兹雷达和通信技术发展越来越快，工作频率越来越高，下一步需考虑本文设计收发隔离网络技术方案在更高频率的应用前景。

2.目前太赫兹收发隔离网络单元器件所用基底材料为约 300um 厚度的红外石英玻璃，该材料防震抗压性不高，因此不仅器件加工制作难度大，破损率高，而且在收发隔离网络原理样机中集成应用，便携性受到影响。需要在后续工作中设计良好的固定方案和防震措施；同时寻找性能更加合适的介质材料进行替换。

3.太赫兹频段器件对加工工艺精度要求高，国内只有少数单位具有加工制作条件，且成熟案例少，工艺稳定性差，需加强关键工艺控制技术研究。

4.由于缺乏合适的太赫兹波段吸波材料，收发隔离网络整体尺寸仍然较大，目前对应频段的太赫兹吸波材料制作国内尚无工厂满足要求，下一步工作中还需研究改进吸波材料，减小对系统性能影响的同时，满足系统小型化设计要求。

5.目前，国内太赫兹频段的测试条件还比较薄弱，系统测量误差较大，下一步需有效控制系统测量误差，设计更可靠的测量方案，准确测量器件电性能。

参考文献

[1] 稂华清. 收 / 发共用天馈系统的收发隔离研究 [J]. 航空兵器, 2009 年, 第 1 期.

[2] 李士根. 新型微波铁氧体器件的开发和应用 [J]. 磁性材料及器件, 2000, 31(3): 26–30.

[3] J. Dittloff and F. Arndt. Computer–aided design of slit–coupled H–plane T–junction diplexers with E–plane metal–insert filters[J]. IEEE Trans. Microwave Theory Tech, 1988, 36(12):1833–1840.

[4] Y. Rong, H. Yao, K. A. Zaki. Millimeter–wave Ka–band H–plane diplexers and multiplexers[J]. IEEE Trans. Microwave Theory Tech, 1999, 47(12):2325–2330.

[5] R.Vahldieck and B. V. dela Filolie. Computer–aided design of parallel–connected millimeter–wave diplexers/multiplexers[C]. Microwave Symposium Digest, IEEE MTT–S International, New York, 1988, 435–438.

[6] J. Bornemann. Design of millimeter–wave diplexers with optimized H–plane trans–former sections[J]. Can. J. Elect. Comp. Eng, 1990, 15(1):5–8.

[7] A.M.B ifot, E. Lier, T. Schaug–Pettersen. Simple and broadband orthomode transducer[C].Microwaves, Antennas and Propagation, IEE Proceedings H. IET, 1990, 137(6): 396–400.

[8] J. M. Rebollar, J. Esteban, J. De. Frutos. A dual frequency OMT in the Ku band for TT&Capplications[J]. Antenna and Propagation Society International Symposium, 1998, 4:2258–2261.

[9] G. Engargiola, A. Navarrini. K–band orthimode transducer with waveguide

ports and balanced coaxial probes[J]. IEEE Trans Microwave Theory Tech, 2005, 53: 1792–1801.

[10] Alessandro Navarrini, Renzo Nesti. Symmetric reverse–coupling waveguide orthomode transducer for 3–mm band[J]. IEEE Trans Microwave Theory Tech, 2009, 57: 80–88.

[11] 王宏建, 刘和光, 范斌. 正交模耦合器的优化设计与分析 [J].2009,30(5): 613–616.

[12] Fritz Arndt. E–plane integrates circuit filters with improved stop–band attenuation[J]. IEEE Trans. MTT, 1984, 32(10): 1391–1394.

[13] Guglielmi. M. Dual–mode circuit waveguide filters without tuning screws[J]. IEEE, 1992, 457–458.

[14] 朱万华, 李超, 张国庆, 方广有, 一种新型 0.2THz 成像系统 [C], 2008, 第十届全国雷达学术年会.

[15] K. B. Cooper, Member, IEEE, R. J. Dengler, Member, IEEE, G. Chattopadhyay, Senior Member, IEEE, E. Schlecht, Member, IEEE, J. Gill, A. Skalare, Member, IEEE, I. Mehdi, Senior Member, IEEE, and P. H. Siegel, Fellow, IEEE, A High–Resolution Imaging Radar at 580 GHz[J]. IEEE MICROWAVE AND WIRELESS COMPONENTS LETTERS, VOL. 18, NO. 1, JANUARY 2008.

[16] Robert W. McMillan, Senior Member, ZEEE, C. Ward Trussell, Jr., Ronald A. Bohlander, J. Clark Butterworth, and Ronald E. Forsythe, "An Experimental 225 GHz Pulsed Coherent Radar," IEEE TRANSACTIONS ON MICROWAVE THEORY AND TECHNIQUES, VOL. 39, NO. 3, MARCH 1991.

[17] 王学田, 陈劫尘, 房丽丽. 220GHz 收发隔离网络设计. 电波科学学报增刊, 2009, 04.

[18] Lee, Jung–Nam, Lee, Kwang–Chun, Song, Pyeong–Jung. The Design of a Dual–Polarized Small Base Station Antenna With High Isolation Having a

Metallic Cube[J].IEEE Transactions on Antennas and Propagation 2015,2(2).

[19] 王永华，赵迎超，Wang Yonghua, Zhao Yingchao. 毫米波段连续波雷达天线隔离度设计 [J]. 火控雷达技术 2014.

[20] 伍俊，李柏渝，周力，欧钢. 全双工系统中收发隔离的分析与实现 [J]. 微处理机. 2010 年 4 期：P26—28.

[21] 李国林. 高功率微波多路耦合输出的研究 [J]. 国防科学技术大学. 2010 (04) 600.

[22] 杜雷鸣，谢彦召，王绍飞，平行板传输线特性阻抗仿真计算及解析修正[J]. 强激光与粒子束. 2015 年 8 期.

[23] 葛羽屏，郭方敏，王伟明，徐欣，游淑珍，邵丽，于绍欣，朱自强，陆卫. 低阻硅衬底上形成的低损耗共平面波导传输线 [J]. 红外与毫米波学报. 2004 年 5 期.

[24] 张民，瞿培华，阳松. 演化算法在微带天线优化中的应用 [J]. 电波科学学报. 2014 年 3 期.

[25] 王海洋，马连英，曾正中. 10um 级聚酯薄膜介质电临界击穿场强初步研究 [J]. 强激光与粒子束. 2008 年 10 期.

[26] 章程，邵涛，龙凯华，王珏，张东东，严萍. 重复频率纳秒脉冲聚四氟乙烯薄膜击穿特性 [C]. 首届全国脉冲功率会议. 2009 年 9 月 21 日.

[27] 李海兵，胡丽丽，林文正，陈小春，蒋宝财. 脉冲氙灯用截紫外石英玻璃管性能的研究 [J]. 中国激光. 2004 年 6 期.

[28] 杨华，朱洪亮，谢红云，赵玲娟，周帆，王圩. 在高阻硅衬底上制备低微波损耗的共面波导 [J]. 半导体学报. 2006 年 1 期.

[29] 尚军平，傅德民，蒋帅，邓颖波. 圆极化天线特性参数测量方法 [J]. 西安电子科技大学学报 (自然科学版). 2009 年 1 期.

[30] 钟顺时. 微带天线理论与应用 [M]. 西安：西安电子科技大学出版社 1991.

[31] K C Gupta. Microsrip antenna design[M]. Artech House 1988.

[32] K –L Wong,Y –F Lin. Circularly polarized microstrip antenna with a tuning stub[J].Electronics Letters 1998,34(09).

[33] J –H Lu,C –L Tang. Circular polarization design of a single–feed equilateral–triangular microstip antenna[J]. Electronics Letters 1998,34(04).

[34] K –L Wong,J –Y Wu. Sing–feed small circularly polarized square microstrip antenna[J]. Electronics Letters 1997,33(22).

[35] W –S Chen,C –K Wu,K –L Wong. Compact circularly–polarized circular microstrip antenna with cross–slot and peripheral cuts[J]. Electronics Letters 1998,34(11).

[36] Wen–Shyang Chen,Chun–Kun Wu,Kin–Lu Wong. Novel compact circularly polarized square microstrip antenna[J]. IEEE Transactions on Antennas and Propagation 2001, 3(3).

[37] H –D Chen,W –S Chen. Probe–fed compact circular microstrip antenna for circular polarization[J]. Microwave and Optical Technology Letters 2001,29(01).

[38] W –S Chen,C –K Wu,K –L Wong. Compact circularly–polarized corner–truncated square microstrip antenna with four bent slots[J]. Electronics Letters 1998,34(13).

[39] Jui–Han Lu,Chia–Luan Tang,Kin–Lu Wong. Single–Feed Slotted Equilateral–Triangular Microstrip Antenna for Circular Polarization[J].IEEE Transactions on Antennas and Propagation 1999, 7(7).

[40] 武强 . 圆极化、宽频带及多频组合无线通信系统微带天线 [D]. 上海大学 2005.

[41] 王洪权 . RFID 系统中的微带天线优化设计 [D]. 北京交通大学 2006.

[42] 仲从民 . 毫米波圆极化微带天线的研究 [D]. 南京理工大学 2006.

[43] 高立业 . 偏置反射面天线的研究与设计 [D]. 桂林电子科技大学 2015.

[44] 祁玉 . 基于耦合结构—元件加载技术的多频带 FSS 研究 [D]. 哈尔滨工程

大学 2015.

[45] 刘琼琼 . 多波束反射面天线的研究与设计 [D]. 西安电子科技大学 2014.

[46] 李方 , 鄢泽洪 , 张天龄 , 刘兵 . Ka 频段双频圆极化器小型化设计 [J]. 电子科技 2008.

[47] 徐继东 . 隔片圆极化器的设计及 S 参数的分析 [J]. 现代雷达 2005.

[48] 李珊珊 . 一种 X 频段双圆极化器的设计 [J]. 航天器工程 2012.

[49] 朱铖 . UHF 频段圆极化天线的研究 [D]. 西安电子科技大学 2010.

[50] 齐健 . X 波段双圆极化喇叭天线的设计与仿真 [J]. 航空兵器 2012.

[51] Stein Hollung, Wayne Shiroma, Milica Markovic, and Zoya B. Popovic. A Quasi-Optical Isolator[J]. IEEE Microwave and Guided Wave Letters, Vol. 6, No. 5, May 1996:205-206.

[52] K. S. Min, J. Hirokawa, K. Sakurai, M. Ando, N. Goto. Single-layer Dipole Array for Linear-to-circular Polarization Conversion of Slotted Waveguide Array[J]. IEEE Proc-Microw. Antennas, Vol. 143, No. 3, June 1996:211-216.

[53] Leo Young, Lloyd A. Robinson, and Colin A. Hacking. Meander-Line Polarizer[J]. IEEE Transactions on Antennas and Propagation, Vol. 21, No. 3, May 1973:376-378.

[54] Te-Kao Wu. Meander-Line Polarizer for Arbitrary Rotation of Linear Polarization[J]. IEEE Microwave and Guided Wave Letters, Vol. 4, No. 6, June 1994:199-201.

[55] Charles Dietlein, Arttu Luukanen, Zoya Popovic, Erich Grossman, Member, IEEE. A W-Band Polarization Converter and Isolator[J]. IEEE TRANSACTIONS ON ANTENNAS AND PROPAGATION, VOL. 55, NO. 6, JUNE 2007.

[56] S. Roberts and D. D. Coon, "Far infrared properties of quartz and sapphire," J. Opt. Soc. Amer., vol. 57, pp. 1023 — 1029, 1962.

[57] R. W. McMillan et al., "Results of phase and injection locking of an orotron

oscillator," IEEE Trans. Microwace Theory Tech .

[58] V. I. Bezborodov, A. A. Kostenko, G. I. Khlopov, and M. S. Yanovski, "QUASI-OPTICAL ANTENNA DUPLEXERS, " International Journal of Infrared and Millimeter Waves, Vol. 18, No. 7, 1997.

[59] Charles Dietlein, Arttu Luukanen, Zoya Popovic, Erich Grossman, Member, IEEE. A W-Band Polarization Converter and Isolator[J]. IEEE TRANSACTIONS ON ANTENNAS AND PROPAGATION, VOL. 55, NO. 6, JUNE 2007.

[60] 张建成 . 多层平面周期结构的电磁特性研究 [D]. 西安电子科技大学 : 电磁场与微波技术 , 2009.

[61] Leo Young, Lloyd A. Robinson, and Colin A. Hacking. Meander-Line Polarizer[J]. IEEE Transactions on Antennas and Propagation, Vol. 21, No. 3, May 1973:376-378.

[62] Te-Kao Wu. Meander-Line Polarizer for Arbitrary Rotation of Linear Polarization[J]. IEEE Microwave and Guided Wave Letters, Vol. 4, No. 6, June 1994:199-201.

[63] A.F. Harwey. Microwave Engineering. London-NewYork, Academic Press,1963.

[64] V. I. Bezborodov, A. A. Kostenko, G. I. Khlopov, and M. S. Yanovski, "QUASI-OPTICAL ANTENNA DUPLEXERS, " International Journal of Infrared and Millimeter Waves, Vol. 18, No. 7, 1997.

[65] 杨婷 , 景红梅 , 刘大禾 . 双折射晶体入射、折射光电场矢量的琼斯描述及界面处菲涅耳方程的修正 . 光学学报 , 2007 年 1 期 .

[66] 蒋丽雯 , 王林军 , 刘健敏 , 阮建锋 , 苏青峰 , 崔江涛 , 吴南春 , 史伟民 , 夏义本 . 纳米金刚石薄膜的光学性能研究 [J]. 红外与毫米波学报 2006.

[67] 杜凤娟 , 刘毅 , 陶科玉 , 阳生红 , 张曰理 ,. Bi4-xLaxTi3O12 铁电薄膜结构和光学性能研究 [J]. 红外与毫米波学报 2007.

[68] Soref R.A.. Silicon-based optoelectronics[J].Proceedings of the IEEE 1993,12(12).

[69] Jacobsen RS,Andersen KN,Borel PI,Fage-Pedersen J,Frandsen LH,Hansen O,Kristensen M,Lavrinenko AV,Moulin G,Ou H. [J].Nature 2006.

[70] Moss D J,Ghahramani E,Sipe J E. Band-structure calculation of dispersion and anisotropy in X(3) for third-harmonic generation in Si,Ge,and GaAs[J].Physical Review B 1990,41.

[71] Gutkin A A,Faradzhev F E. Influence of the polarization of light on the electroabsorption in silicon[J].Soviet Physics Semiconductors 1973,6.

[72] Soref Richard A,Bennett Brian R. Electrooptical Effects in silicon[J].IEEE Journal of Quantum Electronics 1987,QE-23(01).

[73] Tharmalingam K. Optical absorption in the presence of a uniform field[J]. Physical Review 1963,130.

[74] 吴桂峰 . 双折射光子晶体光纤压力传感器的研究 [D]. 南京邮电大学 2011.

[75] 苏红新 , 王坤 , 崔建华 , 郭庆林 . 光子晶体光纤传感器的研究进展 [J]. 仪表技术与传感器 2008.

[76] 李曙光 , 刘晓东 , 侯蓝田 . 光子晶体光纤的导波模式与色散特性 [J]. 物理学报 2003.

[77] 孔德鹏 , 苗竟 , 陈琦 , 何晓阳 , 王丽莉 , 张晓冬 . 太赫兹纤维波导研究进展 [J]. 太赫兹科学与电子信息学报 2014.

[78] 王银珍 , 周圣明 , 徐军 . 蓝宝石衬底的化学机械抛光技术的研究 [J]. 人工晶体学报 2004.

[79] 周海 . 超声波清洗在蓝宝石镜面加工中的应用 [J]. 机械设计与制造工程 1999.

[80] 周海 . 蓝宝石衬底片精密加工工艺研究 [J]. 现代制造工程 2001.

[81] 周海 ,Zhou Hai. 蓝宝石加工工艺的研究 [J]. 机械设计与制造工程 2000.

[82] 徐岩, 宋树生, 潘晓萍. 蓝宝石零件加工工艺探讨 [J]. 航空兵器 2002.

[83] Jihong Li,Steven R. Nutt,Kevin W. Kirby. Surface modification of sapphire by magnesium–ion implantation[M].Journal of the American Ceramic Society 1999,11(11).

[84] 宋连科, 李国华, SONG Lian-ke, LI Guo-hua. 云母、石英晶体三元组合式消色差延迟器设计 [J]. 光电子·激光 2000.

[85] Pendry J.B.,Robbins D.J.,Stewart W.J.,Holden A.J.. Magnetism from conductors and enhanced nonlinear phenomena[M].IEEE Transactions on Microwave Theory and Techniques 1999,11(11).

[86] D. R. Smith,D. C. Vier,Willie Padilla. Loop–wire medium for investigating plasmons at microwave frequencies[M].Applied physics letters 1999,10(10).

[87] D. Schurig,J. J. Mock,D. R. Smith. Electric–field–coupled resonators for negative permittivity metamaterials[M].Applied physics letters 2006,4(4).

[88] W. J. Padilla,M. T. Aronsson,C. Highstrete,Mark Lee,A. J. Taylor,R. D. Averitt. [M].Physical review, B. Condensed matter and materials physics 2007.

[89] W.–C. Chen,C. M. Bingham,K. M. Mak,N. W. Caira,W. J. Padilla. Extremely subwavelength planar magnetic metamaterials[M].Physical review, B. Condensed matter and materials physics 2012,20(20).

[90] 李剑峰, 罗海陆, 郭永康, 高福华, 姚欣,Li Jianfeng,Lou Hailu,Guo Yongkang,Gao Fuhua,Yao Xin. 各向异性超常材料的偏振分离特性 [J]. 光学学报 2007.

[91] Berman PR.. Goos–Hanchen shift in negatively refractive media – art. no. 067603[M].Physical review.E.Statistical physics, plasmas, fluids, and related interdisciplinary topics 2002,6 Pt.2(6 Pt.2).

[92] Barnes WL.,Dereux A.,Ebbesen TW.. Surface plasmon subwavelength optics [Review][M].Nature 2003,6950(6950).

[93] Takahara J,Yamagishi S,Taki H,Morimoto A,Kobayashi T. Guiding of a

one-dimensional optical beam with nanometer diameter[M].Optics Letters 1997,7(7).

[94] 罗海陆, 胡巍, 易煦农, 刘海英, 朱静. 单轴晶体中的负折射现象研究 [J]. 光学学报 2005.

[95] 徐旭明, 方利广, 刘念华. 含负折射率层的多层体系的反常光子隧穿 [J]. 光学学报 2005.

[96] 罗赛群, 各向异性超常材料中表面电磁波的传输特性研究 [D]. 湖南大学: 信息与通信工程, 2010.

[97] AV Kats, S Savel'Ev, VA Yampol'Skii, F Nori. Left-handed interfaces for electromagnetic surface waves[J]. Physical Review Letters, 2007, 98(7):449–466.

[98] GI Stegeman, AA Maradudin, TS Rahman. Refraction of a surface polariton by an interface [J]. Physical Review B, 1981, 23(6):2576–2585.

[99] GI Stegeman, AA Maradudin, TP Shen, RF Wallis. Refraction of a surface polariton by a semi-infinite film on a metal[J]. Physical Review B Condensed Matter, 1984, 29(12):6530–6539.

[100] M Apostol, G Vaman. Reflected and refracted electromagnetic fields in a semi-infinite body[J], Solid State Communications, 2009.

[101] M Apostol, G Vaman. Reflection and refraction of the electromagnetic field in a semi-infinite plasma[J]. Optics Communications. 2009.

[102] 赵晖. Metamaterial 的结构研究及其在微波器件中的应用 [D]. 东南大学, 2009.

[103] Pendry J.B.,Robbins D.J., Stewart W.J., Holden A.J.. Magnetism from conductors and enhanced nonlinear phenomena[M]. IEEE Transactions on Microwave Theory and Techniques 1999, 11(11).

[104] Schurig D,Mock JJ, Justice BJ, Cummer SA, Pendry JB, Starr AF, Smith DR. Metamaterial electromagnetic cloak at microwave frequencies[M]. Science

2006, 5801(5801).

[105] Chen HS, Ran LX, Huangfu JT, Zhang XM, Chen KS, Grzegorczyk TM, Kong JA. Negative refraction of a combined double S-shaped metamaterial[M]. Applied physics letters 2005, 15(15).

[106] 潘学聪, 姚泽瀚, 徐新龙, 汪力, PAN Xue-cong, YAO Ze-han, XU Xin-long, WANG Li. 太赫兹波段超材料的制作、设计及应用 [J]. 中国光学 2013.

[107] 王蓬, 李宝毅, 赵亚丽. 超材料技术的研究进展 [J]. 科技资讯 2014.

[108] 周济, ZHOU Ji. 超材料 (metamaterials) 在电子元件中的应用 [J]. 电子元件与材料 2008.

[109] 陈红胜. 异向介质等效电路理论及实验的研究 [D]. 浙江大学 2005.

[110] 吴群, 武明峰, 孟繁义, 吴健, 李乐伟. 基于传输线理论的 SRR 结构异向介质的研究 [J]. 电波科学学报 2006.

[111] 陆明之. Metamaterials_ 移相器和 Metamaterials_ 极化转换器设计 [D]. 东南大学 2008

[112] 刘俊涛. 基于纳米压印技术的高线密度光栅研究 [D]. 苏州大学 2013.

[113] Solak H H,David C,Gobrecht J. Sub-50nm period patterns with EUV interference lithography[J].Microelectronic Engineering 2003,67-68.

[114] Chih-Hao Chang,R. K. Heilmann,R. C. Fleming,J. Carter,E. Murphy,M. L. Schattenburg,T. C. Bailey,J. G. Ekerdt,R. D. Frankel,R. Voisin. Fabrication of sawtooth diffraction gratings using nanoimprint lithography[J].Journal of Vacuum Science & Technology, B. Microelectronics and Nanometer Structures: Processing, Measurement and Phenomena 2003,6(6).

[115] Bloomstein T M, Marchant M F, Deneault S. 22-nm immersion interference lithography[J]. Optics Express 2006, 14(14).

[116] 崔铮, CUI Zheng. 微纳米加工技术及其应用综述 [J]. 物理 2006.

[117] 马万里, 赵建明, 吴纬国. IC 制造工艺与光刻对准特性关系的研究 [J].

半导体技术 2005.

[118]简祺霞, 王军, 袁凯, 蒋亚东. 光刻工艺中关键流程参数分析 [J]. 微处理机 2011.

[119]刘建海, 陈开盛, 曹庄琪. 光刻技术在微细加工中的应用 [J]. 半导体技术 2001.

[120]杜立群, 朱神渺, 喻立川. 后烘温度对 SU-8 光刻胶热溶胀性及内应力的影响 [J]. 光学精密工程 2008.

[121]段成龙, 舒福璋, 宋伟峰, 关宏武. 湿法刻蚀及其均匀性技术探讨 [J]. 清洗世界 2012.

[122]来五星, 廖广兰, 史铁林, 杨叔子. 反应离子刻蚀加工工艺技术的研究 [J]. 半导体技术 2006.